AF550802

Holz biegen

Eine grundlegende Einführung
in das Verformen von Holz

Wolfgang Fiwek

© 2011/2017 Vincentz Network GmbH & Co. KG, Hannover
„Holz biegen – Eine grundlegende Einführung
in das Verformen von Holz“
3. Auflage 2017

Fotos und Zeichnungen: Wolfgang Fiwek
(sofern nicht anders angegeben)

Produziert von PrintMediaNetwork, Oldenburg
Printed in Europe

ISBN: 978-3-86630-952-4
Best.-Nr.: 9010

Holzwerken
Ein Imprint von Vincentz Network GmbH & Co. KG
Plathnerstraße 4c, 30175 Hannover

www.holzwerken.net

Das Arbeiten mit Holz, Metall und anderen Materialien bringt schon von der Sache her das Risiko von Verletzungen und Schäden mit sich. Autor und Verlag können nicht garantieren, dass die in diesem Buch beschriebenen Arbeitsvorhaben von jedermann sicher auszuführen sind. Vor Inangriffnahme der Projekte hat der Ausführende zu prüfen, ob er die Handhabung der notwendigen Werkzeuge und Maschinen beherrscht. Autor und Verlag übernehmen keine Verantwortung für eventuell entstehende Verletzungen, Schäden oder Verlust, seien sie direkt oder indirekt durch den Inhalt des Buches oder den Einsatz der darin zur Realisierung der Projekte genannten Werkzeuge entstanden.

Die Vervielfältigung dieses Buches, ganz oder teilweise, ist nach dem Urheberrecht ohne Erlaubnis des Verlages verboten. Das Verbot gilt für jede Form der Vervielfältigung durch Druck, Kopie, Übersetzung, Mikroverfilmung sowie die Einspeicherung und Verarbeitung in elektronischen Systemen etc.

Die Wiedergabe von Gebrauchsnamen, Warenbezeichnungen und Handelsnamen berechtigt nicht zu der Annahme, dass solche Namen ohne Weiteres von jedermann benutzt werden dürfen. Vielmehr handelt es sich häufig um geschützte, eingetragene Warenzeichen.

Inhalt

Dank

Mein Dank gilt all den Handwerkern, Künstlern und Unternehmen, die mir Einblick in ihren Schaffensbereich gewährten. Sie haben mir großzügig eine Vielzahl von Detailinformationen und Bildern überlassen und so zur Gestaltung des Buches beigetragen.

Besonders bedanken möchte ich mich bei den Herren Prof. Dr. Oskar Faix und PD Dr. habil. Gerald Koch von der Bundesforschungsanstalt für Holzbiologie und Holzschutz in Hamburg. Sie haben mich bei dem Kapitel „Holz, der Werkstoff der sich formen lässt" fachlich beraten und mit Bildern über die Holzstruktur unterstützt.

Meiner Frau sage ich Dank für ihre Ausdauer, mit der sie als Unbedarfte das Manuskript gelesen hat und mir missverständliche und unklare Aussagen aufgezeigt hat.

Zum Schluss möchte ich mich bei den Mitarbeitern des Verlags Vincentz Network bedanken, die an der Gestaltung des Buches mitgewirkt haben.

Wohltorf, September 2010
Wolfgang Fiwek

1. Ziel des Buches

Der Anblick von Werkstücken aus geformtem Holz ist faszinierend. Mancher Holzfreund stellt sich die Frage: Wie wurde das Teil hergestellt und kann ich das auch?

Mit dem Buch soll aufgezeigt werden, dass Holzformen keine schwarze Magie, sondern eine erlernbare Technik ist. Die verschiedenen Biegetechniken werden erläutert, und an Hand von Beispielen wird gezeigt, wie mit einfachen Mitteln faszinierende Formen zu fertigen sind. Dem Leser soll Mut gemacht werden, die Techniken selbst zu erproben.

Es werden Menschen und Unternehmen vorgestellt, die aus Holz Werkstücke formen und ihre spezifischen Erfahrungen preisgeben.

Das Spektrum der durch Biegen hergestellten Holzgegenstände ist vielfältig. Es reicht von Schmuckstücken, wie z. B. Armreifen, über Möbelteile bis hin zu tragenden Hallenkonstruktionen. Die Bildergalerie (Kapitel 3) vermittelt einen Eindruck von der Vielfalt und soll gleichzeitig die eigene Kreativität anregen.

Das Buch will aber auch die Leser ansprechen, die wissen wollen, was machbar ist und wie geformte Gegenstände hergestellt werden. Vielleicht wird so der eine oder andere angeregt, eigene Ideen selbst oder mit Hilfe eines Fachmannes zu verwirklichen.

In einem Anhang werden die mechanischen Vorgänge und die Veränderungen im Holz während des Biegens erklärt und die Grenzen der Formbarkeit von Hölzern beschrieben. Früher oder später wird jeder, der sich ernsthaft mit dem Formen von Holz beschäftigt, diesen Teil des Buches lesen.

Biegen oder Brechen? Die große Frage beim Holzformen. Plastik am Firmeneingang der Thonet-Werke in Frankenberg

Ein ca. 10 m langes Buchenkantholz wurde zu einer Spirale geformt. Gefertigt von der Fa. Thonet (Foto Thonet).

2. Der Wald ist voll krummer Hölzer, warum soll man da noch Holz biegen?

Eine berechtigte Frage. In früheren Zeiten war es durchaus üblich, dem Verwendungszweck entsprechend, krumm gewachsene Hölzer im Wald zu suchen. Diese Vorgehensweise ist sehr aufwendig. Nicht immer findet man die gewünschten Radien in der gesuchten Holzart. Somit hat man schon sehr früh nach Möglichkeiten zur Holzformung gesucht.

Grundsätzlich gibt es zwei sehr unterschiedliche Anforderungen an gebogenes Holz:

1. Gebogenes Holz soll elastisch zurückfedern. Ein Beispiel für diese Anforderung findet man beim Bogenschießen. Hier nutzt man die natürliche Elastizität

Beim Bogen nutzt man die natürliche Elastizität des Holzes: Im gebogenen Holz entstehen Zug- und Druckspannungen, die wie eine Feder wirken.

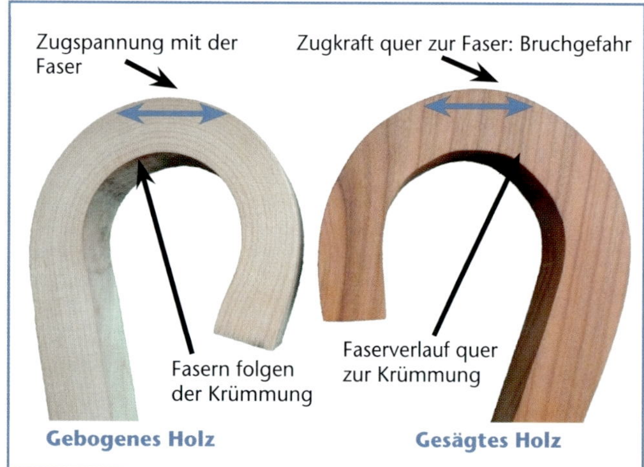

Faserverlauf bei gebogenem und gesägtem Holz

des Holzes. Durch Einwirkung einer äußeren Kraft wird das Holz verformt, der Bogen gespannt. Im Material bauen sich Zug- und Druckspannungen auf, die bei Entlastung, einer Feder gleich, das Holz in seine Ursprungslage zurückschnellen lassen.

2. Holz soll dauerhaft geformt werden.
Für funktionale oder gestalterische Zwecke benötigt man geformtes Holz. Formstücke kann man aus massiven Holzbohlen aussägen. Neben einem hohen Verschnitt hat dieses Verfahren den Nachteil, dass die Holzfasern zerschnitten werden. Es entstehen Konturen mit kurzen und quer zur Belastungsrichtung verlaufenden Holzfasern. Da bekanntlich die Festigkeit von Holz, quer zur Faser, weniger als 10 % der Festigkeit in Faserrichtung beträgt, sind solche Werkstücke bruchgefährdet. Für viele Anwendungen ist das nicht akzeptabel.

Eine Alternative ist der oben erwähnte Einsatz der natürlichen Krümmung von Bäumen, was früher z. B. beim Schiffsbau üblich war. Holz mit entsprechender Krümmung wurde im Wald gesucht, zugeschnitten und verbaut. Auf Grund des hohen Aufwandes und der geringen Verfügbarkeit passender Hölzer ist diese Methode heute nur noch in Ausnahmefällen üblich.

Rationeller ist es, Holz dauerhaft zu formen, indem man es in die gewünschte Form biegt. Dabei wird erreicht, dass die Holzfaser immer parallel zur Biegekontur verläuft und die maximale Festigkeit des Holzes genutzt wird. Kleine und schlanke Bauformen können so realisiert werden. Der Faserverlauf unterstreicht dabei optisch die Eleganz des Bauteils.

Bei einer dauerhaften Formung ist zu beachten, dass nur das frisch geschlagene Holz einiger Holzarten gut biegbar ist. Viele Hölzer lassen sich schlecht formen, insbesondere gilt das für abgelagertes und trockenes Holz. Durch entsprechende Behandlung kann man jedoch auch diese Hölzer formen. In den folgenden Kapiteln werden die dazu notwendigen Techniken beschrieben und an Beispielen gezeigt, was machbar ist.

Stark beanspruchte Bauteile wie bei dieser Bootsverstärkung, werden aus gebogenem Holz gefertigt.

Nutzung der natürlichen Krümmung eines Baumes. Mit einer Schablone wird die Krümmung angezeichnet und danach ausgesägt.

N° der Zeichnung	Buchstabe der Zeichnung	Benennung der Stücke	Dimensionen der Stücke			
			lang	breit	hoch	Bucht
			Fuß	Zolle		
12.	G. e.g.	Ganze Bodenwrangen	19.20	19.22	14–15	10–30.
14.	G. c.d.	Doppelte Bodenwrangen	20.22	19–21	14–15.	17–54.
23.	K. e.	Kantspant.	14–16	13–14	13–14.	4–14.
29.	G.	Heck u. Bugbänder.	13–19	12–15	12–13.	50–60.
30.	G.	Plattformbänder.	14–16	12–14	12–14.	56–62

Die natürliche Krümmung von Bäumen wurde vorzugsweise im Schiffbau genutzt. Die Abbildung zeigt ein Arbeitsblatt aus einem Handbuch für Bootsbauer. (Altonaer Museum)

Skelett eines alten Holzbootes, gefertigt aus gewachsenen Hölzern. (Cape Cod Maritime Museum)

Eine Spirale aus geformtem gestauchtem Buchenholz (Foto: Bendywood)

3. Bildergalerie

Die dargestellten Objekte sollen einen Eindruck von der Vielfalt der Möglichkeiten vermitteln, Holz zu formen.

Stuhl aus Formholz, Fa. Becker, Brakel

Stühle aus Formholz, gefertigt von Fa. Thonet, Frankenberg (Foto: Fa. Thonet)

Gambe, gefertigt von Geigenbaumeister Uilderks, Lübeck

Deckeldose nach Shakerart

Tür mit gebogenen Sprossen

Behälter aus Kirschholz gebogen

Treppe, Design: Marchewka, hergestellt von Fa. Markiewicz, Berlin (Foto: Markiewicz)

Tragwerk eines Möbelhauses, gefertigt von Fa. Gebr. Schütte KG, Flethsee (Foto: Fa. Schütte)

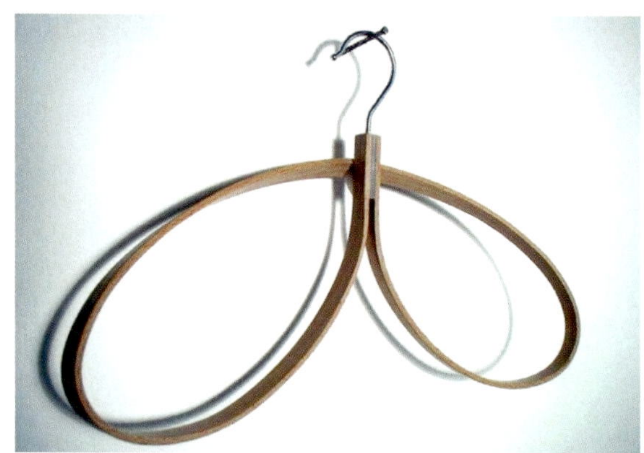

Kleiderbügel aus Bendywood, gefertigt von Daniel Balls (Foto: Bendywood)

Trennwand aus gebogenem Eschenholz, gefertigt von Fa. Graf, Sulgen CH. (Foto: Fa. Graf)

Lampenschirm aus Birkenfurnier, gefertigt von W. Burmeister, Schwarzenbek

Hut aus gebogenen Holzstreifen, Korbmacher-museum, Dalhausen

Filigrane Holzstruktur gefertigt aus Bendywood von Laban UK (Foto: Bendywood)

Sitzbank aus Eschenholz gebogen von Fa. Graf, Sulgen CH (Foto: Fa. Graf)

Wendeltreppe aus gebogenem Eichenschichtholz, Schloss Boitzenburg

4. Vom gebogenen Stock zur Sitzschale – Kleine Geschichte des Holzbiegens

Die Geschichte des Holzbiegens ist so alt wie die der Menschheit. Anfangs waren es weiche Zweige und Rindenstreifen, die unsere Vorfahren zu Flechtwerken formten. So entstanden z. B. Körbe oder Zäune. Bald stellte man fest, dass sich frisch gefälltes Holz leicht biegen lässt und seine Krümmung nach dem Trocknen weitgehend behält. Es entstanden erste Werkzeuge aus Holz.

Lange bevor Metall oder Kunststoff in unser Leben Einzug hielten, wurden die meisten Werkzeuge und Geräte aus Holz gefertigt. Praktisch bis zum Beginn des 20. Jahrhunderts waren die meisten landwirtschaftlichen Geräte aus Holz, von örtlichen Handwerkern hergestellt.

Viele dieser Handwerksberufe sind inzwischen ausgestorben. Einige erfahren eine Renaissance, z. B. der Beruf des Küfers. Er ist wieder gefragt, seit es erneut in Mode kam, Wein in Eichenfässern (frz.: Barrique) reifen zu lassen.

Von besonderer Bedeutung für die Entwicklung der Menschheit war die Nutzung von Bögen aus elastischem Holz.

Mit der Distanzwaffe wurden Tiere als Nahrung und zur Selbstverteidigung erlegt. Sehr früh erkannten unsere Vorfahren, dass Eibenholz besonders für den Bogenbau geeignet ist. Die in einer Gletscherspalte der Ötztaler Alpen gefundene Mumie „Ötzi“ trug einen Bogen aus Eibenholz bei sich, der auf ein Alter von ca. 5300 Jahre geschätzt wird.

Zunächst verwendete man zur Bogenherstellung nur das Kernholz. Etwa ab dem 8. Jahrhundert begann man, die unterschiedlichen Eigenschaften von Splint- und Kernholz zu nutzen. Der Stamm wurde so gespalten, dass das elastische und gut dehnbare Splintholz den Bogenrücken und das komprimierbare Kernholz den Bogenbauch bildeten. Damit wurde etwas kreiert, das im heutigen Sprachgebrauch als Verbundwerkstoff bezeich-

Flechtwerke aus weichen Zweigen werden seit Urzeiten vom Menschen genutzt.

Landwirtschaftliche Geräte, wie diese Gabel, wurden aus Holz gebogen. Gut erkennbar die Brandspuren vom Erwärmen mit der offenen Flamme.

Bogen und Jagdwagen aus gebogenem Holz wurden im alten Ägypten genutzt (Grabbeigabe des Tutanchamun Grabes).

Bootsrumpf aus gebogenen Brettern

net wird, nämlich ein Werkstoff, in dem zwei unterschiedliche Stoffe im Verbund bessere Eigenschaften haben als ihre Einzelelemente. Die Zugspannung solcher Kompositbögen gab den damit abgeschossenen Pfeilen eine hohe Reichweite und große Durchschlagskraft.

Die große Bedeutung des Bogens als Kriegswaffe ist in diesem Zusammenhang nur insofern erwähnenswert, da es in kriegerischen Zeiten des Mittelalters zu einer vermehrten Nachfrage nach Eibenholz kam. Die Folge war eine starke Übernutzung der Eibenbestände in Europa. Bis heute haben sich die Bestände nicht erholt.

Wichtig war und ist gebogenes Holz für den Schiffsbau. Bereits im Altertum nutzten die Schiffsbauer krumm gewachsene Baumstämme und formten damit ihre Bootsrümpfe.

Da aber der Bedarf größer war als das Vorkommen, suchten sie nach Möglichkeiten, das Holz ihrem Bedarf entsprechend zu formen. Zuerst erleichterte man das Formen des Holzes durch Einkerben (vgl. Kapitel 6.6 und 6.9). Dazu wurden im Innenradius der späteren Biegung kleine Schnitte eingebracht und somit der Holzquerschnitt reduziert. Das Holz konnte gebogen werden, bis sich die äußersten Kerbenenden berührten. Abstand, Breite und Tiefe der Kerben bestimmten den Biegeradius. Die Schwächung des Querschnittes wirkte sich allerdings negativ auf die Holzfestigkeit aus. Später entdeckte man, dass Holz durch Einwirkung von Feuchtigkeit und Wärme leicht biegbar wird. Bereits im alten Ägypten wurde Holz mit Dampf erwärmt und dann gebogen. Das so geformte Werkstück behielt nach dem Abkühlen seine Form.

Auch beim Landtransport hat gebogenes Holz als Kufen von Schlitten eine Bedeutung erlangt. Halfen doch die gebogenen Kufen, Hindernisse zu überwinden und ermöglichten die Lenkbarkeit des Transportmittels. Ähnlich dem Bootsbau wurden anfangs krumm gewachsene Bäume verwendet, aber bald setzte sich hier ebenfalls das Biegen von Holz durch. Heute werden Schlittenkufen in einem Stück gebogen oder aus gebogenen Brettern schichtverleimt (vgl. Kapitel 13).

Nach der Erfindung des Rades suchte man über Jahrhunderte nach verschiedenen Möglichkeiten, den Radkörper zu optimieren. Dabei war Holz lange Zeit der brauchbarste Werkstoff. Das Speichenrad mit einer ringförmig gebogenen Felge war Höhepunkt der Entwicklung, bevor es durch das Metallrad ersetzt wurde.

Für die Aufbewahrung und den Transport von Waren verwendete man seit alters her gebogenes Holz. Bei der schon erwähnten Mumie „Ötzi" fand man neben dem Bogen auch einen Behälter aus gebogener Baumrinde. Der Behälter war mit Lehm und Moos ausgekleidet und diente zur Aufbewahrung eines glühenden Holzstückes.

Die Behältnisse aus Rinde oder geflochtenen Zweigen wurden später durch Fässer und Schachteln aus gebogenem Holz ergänzt. Holzschachteln sind eine der ältesten Verpackungsarten für Trockengüter. Mit vielseitigen Verzierungen versehen, dienten sie nicht nur als einfache Verpackung, sondern wurden z. B. auch zur Aufbewahrung von Brautschmuck und Hüten oder gar als Kindersärge verwendet.

Die ersten Holzschachteln wurden hergestellt, indem man frisches Holz spaltete und mit dem Zieheisen zu glatten Brettern schnitt. Diese wurden getrocknet, danach „gekocht" und gebogen, so wie es heute bei der Herstellung von Shakerdosen noch üblich ist. Die große Nachfrage nach einer robusten und preiswerten Verpackung führte dazu, dass man bereits im Mittelalter begann, Schachteln aus dünnen Holzspänen herzustellen. Anfangs wurden die Späne dafür mit einem speziellen Handhobel erzeugt. Die über 350 Jahre alte Spanziehmühle in Grünhainichen belegt, dass man die Spanherstellung sehr früh mechanisierte. Über lange Zeiträume waren Spanschachteln eine gefragte Transportverpackung, bevor sie durch Pappe und Blech ersetzt wurden. Heute gilt die Spanschachtel als exklusive Verpackung, ist Sammlerobjekt und wird liebevoll nach alten Vorlagen nachgebaut und verziert.

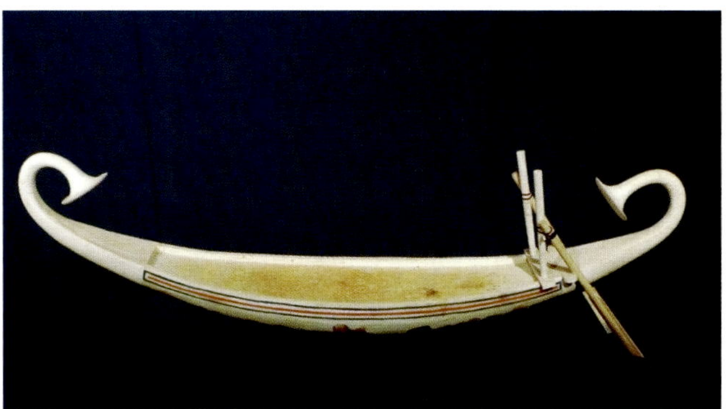

Ägyptisches Schiffsmodell, Grabbeigabe des Tutanchamon-Grabes

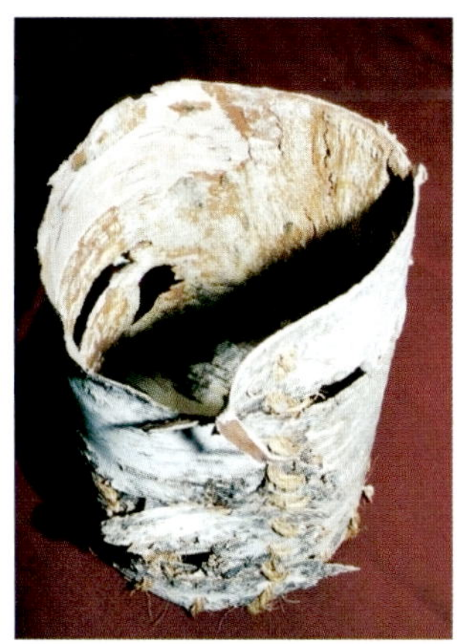

Nachbau des „Ötzi"-Behälters (Schweizer Spanschachtelmuseum)

Bemalte Spanschachtel

Musikinstrumente sind ohne gebogenes Holz schwer vorstellbar.

Der Musikinstrumentenbau ist ohne gebogenes Holz unvorstellbar. Das wohl älteste Zupfinstrument, der sogenannte Musikbogen, ist wahrscheinlich aus dem Jagdbogen entstanden. Die Saite des Bogens wurde an den offenen Mund gehalten und angezupft, sodass ein Ton entstand. Die Mundhöhle diente als Resonanzkörper und verstärkte den Ton. Bei späteren Zupfinstrumenten wurden Früchte oder Panzer von Tieren als Resonanzkörper verwendet. Seit dem 15. Jahrhundert werden die Resonanzkörper der meisten Zupf- und Streichinstrumente aus gebogenem Holz hergestellt. Von der Geige bis zur Harfe verwendet man heutzutage unterschiedlich geformte Hölzer.

Im Möbelbau findet geformtes Holz ebenso Anwendung. Geschwungene Möbelelemente waren bis Mitte des 19. Jahrhunderts Einzelstücke. Michael Thonet (1796–1871) meldete im Jahre 1842 ein Verfahren zum Biegen mit dem Biegeband als Patent an. Sein Verfahren verhalf der industriellen Serienherstellung von geformten Hölzern zum Durchbruch.

Bei Thonets Verfahren wird gedämpftes Holz gemeinsam mit einem Stahlband um eine Form gezogen. So können filigrane Teile, meistens aus Buche, mit kleinen Radien gebogen werden. Aus solchen Teilen fertigte er zeitlos elegante Sitzmöbel, z. B. den Thonet Stuhl „Nr. 14“ (Wiener Kaffeehausstuhl). Seit 1859 wurden davon über 50 Mio. Stück produziert, somit gehört Nr. 14 zu den erfolgreichsten Möbelstücken. Heute wird Thonets Idee nicht nur gewerblich genutzt, sondern mancher Hobby-Tischler ist von den geschwungenen Formen des Holzes fasziniert und fertigt auf diese Weise Liebhaberstücke an.

Eine Weiterentwicklung des Thonetschen Verfahrens ist die im Jahre 1917 gemachte Erfindung des gestauchten Biegeholzes. Bis heute ist es unter dem Namen „Bendywood“ auf dem Markt. Laubholz wird durch Dämpfen erweicht und in Längsrichtung gestaucht. Danach erkaltet das Holz im gestauchten Zustand. Die so hergestellten Rohlinge lassen sich ohne weitere Hilfsmittel jederzeit biegen.

Die Herstellung von gebogenen Formstücken aus schichtweise verleimten Hölzern, dem sogenannten Schichtholz, war bereits im alten Ägypten bekannt. Mittels tierischer Leime wurden mehrere gebogene Bretter miteinander verbunden und damit in ihrer Form fixiert. Diese Methode wird, unter Verwendung moderner Leime, nahezu unverändert bis heute angewandt. Der Einsatz schichtverleimter Hölzer ist vielfältig; er reicht vom Möbelbau bis hin zu gebogenen Leimbindern, mit denen kunstvoll geschwungene Baukonstruktionen möglich sind.

Die neuste Entwicklung ist die Herstellung dreidimensionaler Formen aus gebogenem Holz. Dazu werden dünne flächige Hölzer, sogenannte 3D-Furniere, verformt (ähnlich dem Pressen von Blechen, z. B. für eine Autokarosserie) und mehrere Lagen schichtverleimt. Typische Anwendung dieser Technologie ist die Herstellung ergonomisch geformter Sitzmöbel.

Michael Thonet (1796–1871)

Dreidimensional geformte Sitzschale

5. Die verschiedenen Techniken des Holzformens

Die im elastischen Bereich gebogenen Bretter müssen fixiert werden, um ihre Form zu behalten. Dazu werden sie, z. B. durch Schrauben, mit anderen Hölzern verbunden.

Zum Formen von Holz wurden über die Jahrhunderte verschiedene Techniken entwickelt. Grundsätzlich unterscheidet man zwischen Biegen im elastischen Bereich (im weiteren als „Biegen" bezeichnet) und plastischer, d. h. dauerhafter Verformung (im weiteren als „Formen" bezeichnet). Während sich alle Hölzer elastisch biegen lassen, ist die plastische Verformung, bis auf wenige Ausnahmen, auf Laubhölzer beschränkt. Die Begründung findet der Leser im Anhang, Kapitel „Holz – der formbare Werkstoff".

Mehrere gebogene Hölzer werden miteinander lagenweise verleimt und so in ihrer Lage fixiert.

Eine Tragwerkkonstruktion aus gebogenem Schichtholz (Foto: Fa. Schütte)

5.1 Herstellung von Formteilen durch Biegen von Holz im elastischen Bereich

Bei diesem Herstellverfahren wird das Holz nur soweit durch Biegung beansprucht, dass es nicht bricht. Der Fachmann spricht von Belastung bis zur Elastizitätsgrenze. Bei Entlastung federt das Werkstück in seine Ausgangslage zurück. Will man den gebogenen Zustand beibehalten, muss das Werkstück in seiner gebogenen Lage fixiert werden, z. B. indem man es mit anderen Konstruktionselementen verbindet oder mehrere gebogene Hölzer lagenweise miteinander verleimt.

Schichtholz, der einfache Weg Formstücke herzustellen

Einzeln gebogene Hölzer (Lamellen), lagenweise zu sogenanntem Schichtholz verleimt, sind Dank der Entwicklung von leistungsfähigen Leimen heute vielfältig einsetzbar. Sei es beispielsweise bei der Herstellung von geschwungenen Treppenwangen oder der Fertigung von gebogenen Leimbindern für Tragwerkkonstruktionen im Holzbau (vgl. Kap. 17). Aber auch für den Hobbytischler ist die Herstellung von Schichtholz eine interessante Fertigungsvariante, wie an einigen Beispielen später noch aufgezeigt wird.

Die Verwendung von Schichtholz hat viele Vorteile, z. B.:

- Es können beliebig dicke Formstücke mit kleinen Biegeradien hergestellt werden, indem man viele dünne Lamellen biegt und miteinander verleimt. Die erforderliche Biegekraft für die Einzelstücke hält sich dabei in Grenzen.
- Das verleimte Werkstück federt kaum zurück. Je mehr Lagen verleimt werden, desto geringer ist die Rückfederung (siehe Kapitel 17: Anwendung von gebogenem Holz bei der Brettschichtholzproduktion).
- Das Schichtholz kann in verschiedene Richtungen gebogen werden.
- Die Länge der Werkstücke ist nicht begrenzt, da man Hölzer innerhalb einer Lage schäften, d. h. in Längsrichtung verbinden, kann.
- Durch die Verwendung von duroplastischen Klebstoffen (das sind Klebstoffe, die vollständig aushärten und sich danach nicht mehr erweichen lassen) erhalten Schichthölzer eine höhere Festigkeit als geformtes Vollholz.
- Schichtholz hat eine hohe Elastizität. Es eignet sich daher besonders für Werkstücke, die federn sollen, z. B. für Sitzmöbel, sogenannte Freischwinger.
- Unterschiedliche Holzarten können gebogen und miteinander verleimt werden, um farbliche Effekte zu erzielen.
- Gebogene konische Teile, z. B. Tischbeine, werden hergestellt, indem man die einzelnen Holzlagen zuvor konisch hobelt, dann biegt und verleimt.

Nachteile von Schichtholz gegenüber Formteilen aus einem Stück sind der relativ hohe Arbeitsaufwand und der höhere Materialverbrauch. In manchen Fällen können auch die sichtbaren Leimfugen stören.

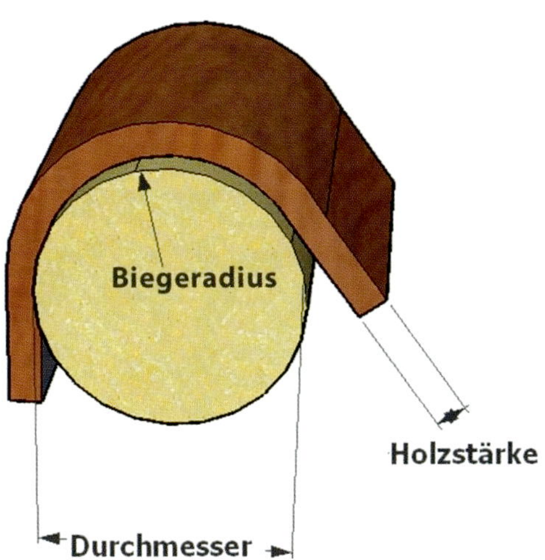

Erklärung des Biegeradius: Zum Biegen wird ein Formkörper benötigt. Im einfachsten Fall ist das ein Zylinder. Sein Durchmesser bestimmt die Krümmung der Biegung. Der halbe Durchmesser wird als Biegeradius bezeichnet.

Konisch gehobelte Hölzer verschiedener Farbe wurden gebogen und als Schichtholz zu einem Tischbein verleimt.

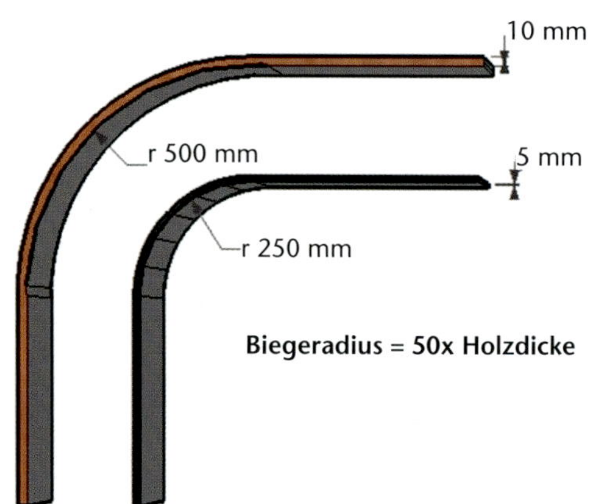

Die Holzstärke bestimmt den kleinstmöglichen Biegeradius.

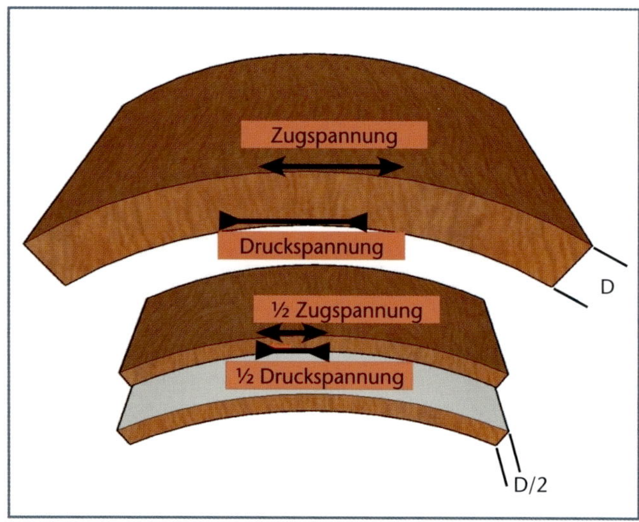

Beim Biegen entstehen Zug- und Druckspannungen im Holz. Sie sind umso größer, je stärker das Holz ist und umso kleiner der Biegeradius ist. Bei starken Hölzern können sie so groß werden, dass die Holzfasern reißen. Die Spannungen werden reduziert, indem man das Werkstück aus zwei oder mehr Teilen zusammenleimt.

Grenzen der Biegbarkeit von Holz im elastischen Bereich

Wie im Anhang „Mechanik des Biegens“ genauer beschrieben, entstehen beim Biegen Spannungen im Holz, die von der Werkstückmitte nach außen anwachsen. Biegt man Hölzer unterschiedlicher Dicke um den gleichen Biegekörper, zeigt sich: Je dicker das Werkstück ist, desto größere Spannungen wirken. Übersteigt die Spannung im Holz die Festigkeit der Holzfasern, kommt es zuerst zur Rissbildung an der Oberfläche und danach setzt der Bruch ein. Für die Biegepraxis bedeutet das: Die Holzstärke bestimmt den kleinstmöglichen Biegeradius. Im günstigsten Fall gilt bei fehlerfreiem Holz:

Minimaler Biegeradius ≈ 50 x Holzstärke

Bei Tragwerkkonstruktionen beträgt der Biegeradius aus Sicherheitsgründen mindestens die 150-fache Holzstärke.

Beispiel: Ein 5 mm starkes, fehlerfreies Brett kann minimal mit einem Radius von 250 mm (50 x 5 mm) gebogen werden. Bei stärkeren Hölzern muss der Radius entsprechend größer sein, z. B. bei 10 mm starkem Holz beträgt der minimale Biegeradius 500 mm.

Die erforderliche Biegekraft steigt mit der Holzstärke überproportional an und setzt dem Verfahren damit seine Grenzen. Will man kleine Radien aus dickem Holz formen, muss man, wie beschrieben, Schichtholz verleimen oder das Holz in Längsrichtung einsägen. Bei dieser im Bootsbau oft angewandten Technik wird das zu biegende Holz in Faserrichtung soweit aufgeschnitten, dass nur noch ein kleiner Bereich es zusammenhält. Danach wird das Holz gebogen und im gebogenen Zustand mit anderen Bauteilen verbunden. Durch das Aufschneiden hat man praktisch dünne Bretter erzeugt, die man leicht gemeinsam biegen kann. Sie werden aber nicht, wie beim Schichtholz, miteinander verleimt und haben daher eine geringere Festigkeit als Schichtholz.

Soll der Biegeradius eines Werkstücks noch kleiner als die 50-fache Holzstärke sein, muss man das Holz entweder plastisch verformen oder sogenanntes Formholz verwenden

Biegen von kleinen Radien mittels Formholz

Unter Formholz versteht man die lagenweise Verleimung von dünnen gebogenen Furnieren. Da bei der Herstellung der Furniere das Holz gedämpft wurde, sind die Furniere weich und können mit Radien der 10-fachen Furnierstärke gebogen werden.

So kann beispielsweise 0,8 mm starkes Furnier lagenweise zu einem Werkstück mit einem Biegeradius von 8 mm geformt werden.

Die Herstellung von Formholzteilen unter normalen Werkstattbedingungen wird im Kapitel „Anwendungsbeispiele" näher beschrieben.

Eine Besonderheit bei der Herstellung von Formholzteilen ist die Verwendung von 3D-Furnieren. Hierbei handelt es sich um Furniere, die nach einem patentierten Verfahren der Fa. Reholz hergestellt werden. Normales Furnier wird in Faserrichtung zu ca. 1,5 mm dünnen Streifen geschnitten und mittels elastischer Fäden wieder miteinander verbunden. Das ursprüngliche Furnierbild bleibt dabei erhalten.

Mit 3D-Furnieren kann man dreidimensionale Flächen formen. Die einzelnen Streifen passen sich der Kontur an. Gleichzeitig können sie sich, durch die elastischen Fäden gehalten, zueinander verschieben. Dadurch ist es möglich, gewölbte Formen ohne Faltenbildung abzudecken. Mehrere Furnierlagen werden kreuzweise zu einem Formteil verleimt. Im Kapitel „Formholzpressen" wird die Herstellung von dreidimensionalen Teilen genauer beschrieben.

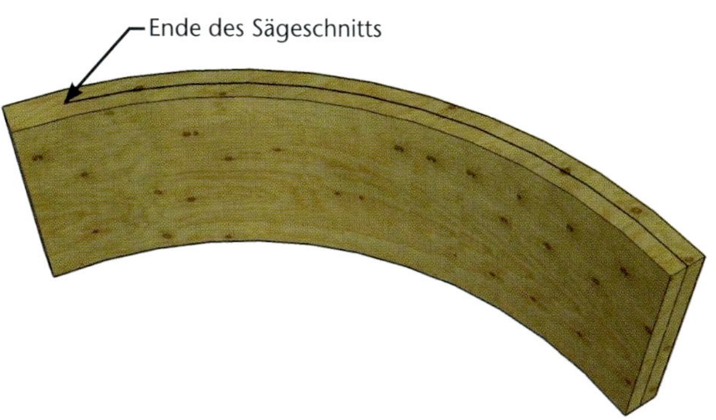

Starke Hölzer kann man leichter biegen, wenn man sie im Biegebereich längs einsägt.

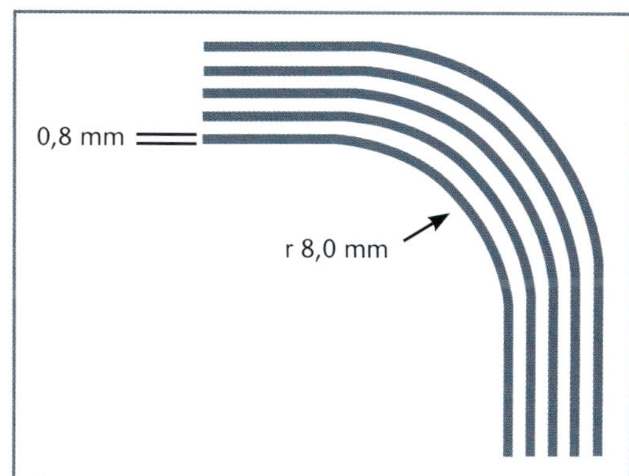

Furnier wird lagenweise zu Formholz verleimt. Der minimale Biegeradius ist die 10-fache Furnierstärke.

Aufgerolltes 3D-Furnier, rechts erkennbar die waagerecht verlaufenden Leimfäden, links die einzelnen senkrecht verlaufenden Furnierstreifen

Biegeeisen gibt es in verschiedenen Bauformen zu kaufen.

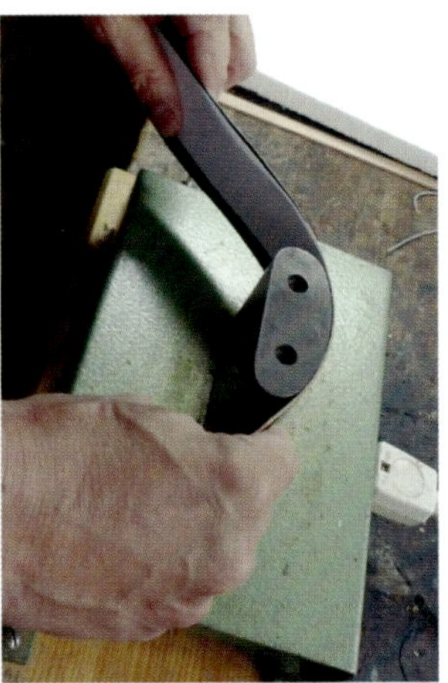

Empfindliches Holz wird mit einem Papierstreifen gegen Überhitzung geschützt.

5.2 Die plastische Verformung von Holz

Wie im Anhang im Kapitel „Mechanik des Biegens" ausführlich beschrieben, kann Holz mit Hilfe von Wärme und Feuchtigkeit plastisch verformt werden. Plastisch verformen bedeutet – vereinfacht gesprochen – durch Wärme, am besten in Verbindung mit Wasser, wird das Holz erweicht und geformt. Nach dem Abkühlen bleibt die Verformung bestehen. Die Erwärmung des Holzes kann auf verschiedene Weise geschehen. In der Praxis haben sich folgende Methoden bewährt:

Trockene Erwärmung

Ein Werkstück wird durch den Kontakt mit einem heißen Körper (Biegeeisen) oder durch Heißluft erwärmt. Die vorhandene Restfeuchtigkeit im Holz wird genutzt, um gemeinsam mit der Wärmeeinwirkung den Faserverbund zu lockern. Von Vorteil ist, dass bei dieser Methode keine zusätzliche Feuchtigkeit eingebracht wird, das Holz nicht quillt und eine Trocknung entfällt. Das Verfahren ist allerdings auf dünne Werkstücke begrenzt.

Erwärmen mittels Biegeeisen

Bei der Methode erfolgen Erwärmung und Formen des Werkstückes gleichzeitig.

Biegeeisen bestehen im einfachsten Fall aus einem Rohr, das innen mit Holzkohle oder Gas beheizt wird. Heute verwendet man überwiegend ein elektrisch beheiztes, temperaturgeregeltes Eisen.

Um verschieden große Radien formen zu können, sind unterschiedliche Formkörper erforderlich. Die am häufigsten verwendete Form hat einen ovalen Querschnitt.

Mit einem Biegeeisen lassen sich die meisten Laubhölzer, bis zu einer Dicke von ca. 3 mm, formen. Das Holz muss langfaserig und fehlerfrei sein. Nur ein auf gleiche Stärke gehobeltes Werkstück gewährleistet eine gleichmäßige Krümmung.

Zum Formen ist eine Eisentemperatur zwischen 160 °C und 180 °C erforderlich. Die optimale Temperatur wird durch einen Versuch ermittelt. Sie ist von der

Holzart und der Dicke des Werkstückes abhängig. Das Holz muss ausreichend und gleichmäßig erwärmt sein, ehe es geformt werden kann.

Erwärmen und gleichzeitiges Formen bedarf einiger Übung. Bevor man ein endgültiges Werkstück herstellt, sollte man sich an Probestücken versuchen.

Dazu einige hilfreiche Tricks:

- Der zu formende Teil des Holzes wird zuerst an der flachsten Seite des Biegeeisens erwärmt. Um eine örtliche Überhitzung und damit ein Verbrennen des Holzes zu vermeiden, bewegt man das Werkstück auf dem heißen Eisen hin und her.
- Empfindliche helle Hölzer schützt man durch einen Papierstreifen zwischen Holz und Eisen.
- Bei schwer formbaren Hölzern empfiehlt es sich, das Holz leicht anzufeuchten oder ein feuchtes Tuch zwischen Biegeeisen und Werkstück zu legen. Durch den entstehenden Wasserdampf wird die Wärmeübertragung verbessert und die Formbarkeit des Holzes erhöht. Außerdem reduziert ein feuchtes Tuch die Gefahr des Ansengens. Manche Hölzer sind nur formbar, wenn sie zuvor gewässert wurden.
- Beim Formen entstehen die höchsten Spannungen an der konvexen Holzoberfläche. Dort neigen die Enden der Holzfasern zum Ausbrechen. Mit einem an der Außenseite aufgelegten Druckstück, z. B. einem dünnen 0,3-mm-Edelstahlblech, kann das vermieden werden. Der blanke Stahl reflektiert außerdem die Wärme und erhöht so zusätzlich die Formbarkeit.
- Auf die Ausrichtung des Werkstückes auf dem Eisen ist zu achten. Liegt das Holz nicht im rechten Winkel zur Achse des Eisens, kommt es zu einer spiralförmigen Formung. Ein rechtwinkliger Anschlag oder die Stirnfläche des Biegeeisens als Referenz helfen, den Fehler zu vermeiden.

Erst wenn das Holz ausreichend erwärmt ist, beginnt das Formen in dem entsprechenden Radienbereich des Biegeeisens. Das Biegeeisen ist das geeignete Werkzeug für Musikinstrumentenbauer, um Zargen für Zupf- und Streichinstrumente herzustellen (siehe auch Kapitel „Holzbiegen beim Musikinstrumentenbau“).

Die einzelnen Arbeitsschritte beim Formen mit dem Biegeeisen:

A) Das Werkstück wird auf der flachen Seite des Eisens erwärmt.

B) Der größere Radienbereich wird zuerst gebogen, mit einem Druckstück, in diesem Fall aus Holz, wird das Werkstück gegen das Eisen gedrückt.

C) Zum Schluss wird der kleinere Radius gebogen.

Das Werkstück ist an einem Ende mit dem Formkörper verbunden und wird mit der Heißluftpistole gleichmäßig erwärmt.

Das erwärmte Holz wird um den Formkörper gezogen und dabei weiter erwärmt .

Das gebogene Holz wird fixiert, bis es abgekühlt ist. Ungleiche Erwärmung während des Biegens führt zu Abweichungen von der Biegeform, deutlich als Spalt erkennbar.

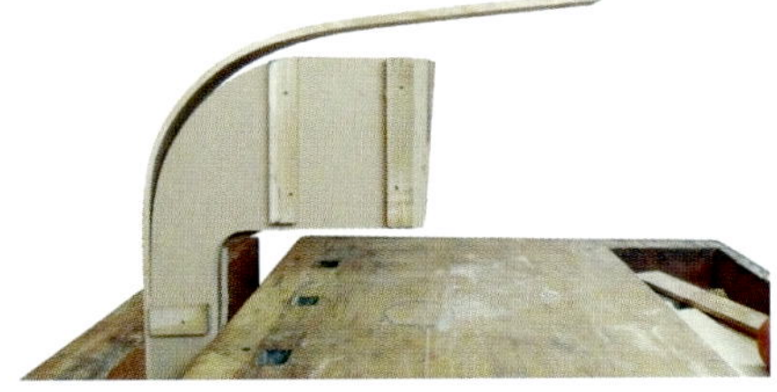

Nach dem Erkalten federt das Werkstück um den Anteil der elastischen Biegung auf.

Erwärmen mit Heißluft

Der zu formende Bereich eines dünnen Werkstückes wird mit einer Heißluftpistole erweicht. Dazu wird der Heißluftstrahl hin und her bewegt und das Holz gleichmäßig erwärmt. Danach wird es um einen Formkörper gezogen. Die Wärmezufuhr muss während des gesamten Formvorgangs gleichmäßig erfolgen.

Der Umgang mit der Heißluftpistole bedarf ebenfalls einiger Übung. Wird ein Bereich zu lange erwärmt, kommt es zur örtlichen Überhitzung. Brandspuren in Form von dunkler Verfärbung sind die Folge. Ungleichmäßige Wärmezufuhr wirkt sich negativ auf den Formvorgang aus. Kältere Bereiche formen sich schlechter als wärmere. Das Ergebnis ist eine örtliche Abweichung von der Biegeform.

Zum Formen ist ein Ende des Werkstückes an der Biegeform befestigt und das andere Ende wird von Hand um den Formkörper gezogen.

Im geformten Zustand wird das Holz fixiert, bis es erkaltet ist. Wird die Fixierung entfernt, federt das Werkstück um den Anteil der elastischen Biegung zurück.

Die nasse Erwärmung

Bei dünnen Hölzern reicht es aus, nur durch Wärme und die im Holz vorhandene Feuchtigkeit, den Faserverbund zu lockern und ein Werkstück dauerhaft zu formen.

Bei dicken Hölzern muss der Wärmeeintrag sehr intensiv sein, und die Holzfeuchtigkeit muss zusätzlich erhöht werden, um es zu plastifizieren. Wurde das früher überwiegend durch Wässern des Holzes und anschließender Erwärmung über dem offenen Feuer erreicht, haben sich heute zwei Methoden durchgesetzt: die Erwärmung durch „Kochen“ oder mittels Dampf.

Das geformte Werkstück behält seine Form dauerhaft.

Erwärmung durch Kochen

Luftgetrocknetes Holz wird in heißem Wasser „gekocht" (80 °C –100 °C) und erweicht. Das Verfahren hat allerdings einige Nachteile, die zu beachten sind.

- Das Werkstück nimmt relativ viel Wasser auf, insbesondere in seinen Randzonen. Es muss anschließend aufwendig getrocknet werden.
- Beim „Kochen" werden Inhaltsstoffe, u. a. Säuren, aus dem Holz gelöst, die sich im Wasser ansammeln. Bei der Behandlung größerer Holzmengen muss das Wasser oft erneuert werden, um eine Übersäuerung zu verhindern. Saures Wasser verstärkt die Auswaschung von anderen Inhaltsstoffen und führt u. a. zu Farbänderungen im Holz.

Durch Wasseraufnahme und Erwärmung wird das Holz weich, und es lässt sich gut formen. Nach dem Formen muss das Werkstück in dem verformten Zustand fixiert und getrocknet werden. Mit der „Kochtechnik" sind ohne weitere Hilfsmittel, wie z. B. die Verwendung eines Biegebandes, Biegeradien von ca. 30-facher Holzstärke realisierbar.

Wegen der hohen Wasseraufnahme empfiehlt sich das Verfahren nur für Werkstücke, die problemlos zu trocknen sind und für dünne Hölzer. Das Formen der Zargen von Shakerdosen und der Einsatz beim Bogenbau, um die Bogenenden zu formen, sind typische Anwendungen (siehe auch Kapitel 14 „Herstellung von Schachteln").

„Gekochtes Holz" wird vorzugsweise bei der Formung der Enden eines Bogens verwendet.

Das Ende eines Bogens wird im heißen Wasserbad erweicht.

Danach wird das erweichte Holz um einen Körper geformt. Es bleibt auf der Form eingespannt, bis das Holz erkaltet ist.

Eine einfache Dämpfeinrichtung besteht aus einer Kammer und einem gasbeheizten Kessel. Der Dampf wird über eine Rohrverbindung zwischen Kessel und Kammer zugeführt.

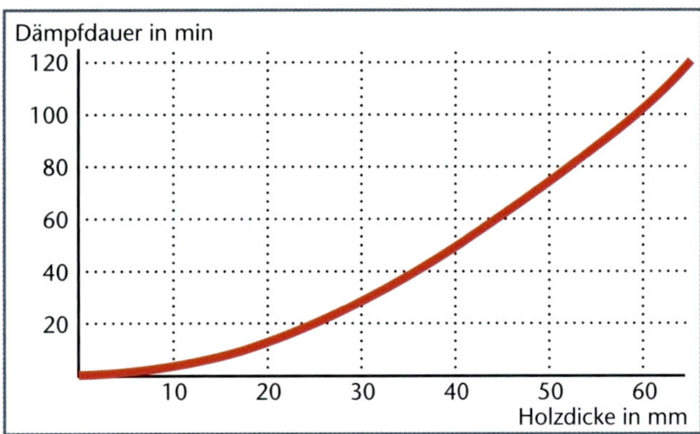

Die Dämpfdauer zum Erweichen des Holzes ist abhängig von der Holzdicke.

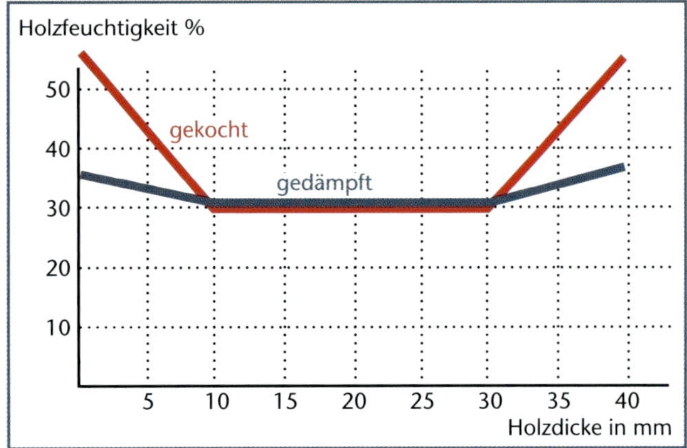

Holz nimmt beim „Kochen" mehr Feuchtigkeit auf als beim Dämpfen.

Erwärmen durch Dämpfen

Die am häufigsten angewandte Methode, insbesondere zur Formung von dickem Holz, ist das Erwärmen mittels Dampf. Luftgetrocknetes Holz wird in einer geschlossenen Kammer mit Dampf behandelt.

Der Dampf erwärmt nicht nur das Holz, er bewirkt auch eine Erhöhung der Holzfeuchtigkeit. Dadurch verändern sich die mechanischen Eigenschaften des Materials.

- Durch das Eindringen von Wassermolekülen in die Zellwände reduziert sich die Bindekraft der Zellen untereinander. Das Holz wird weich und lässt sich gut dehnen.
- Zellwände und Zellverband werden verformbar. Die Deformation ist dauerhaft, sie bleibt nach dem Erkalten bestehen.

Die Veränderung der Holzeigenschaften tritt nur dann ein, wenn das Werkstück ausreichend erwärmt ist und genügend Dampf in die Zellwände eindringen konnte. Das bedeutet, je dicker das Werkstück ist, desto länger muss die Dämpfzeit sein.

In der Praxis hat sich eine Dämpfzeit von 1 bis 2 Minuten pro Millimeter Holzdicke bewährt. Deutlich längere Dämpfzeiten sollten vermieden werden, da durch längere Dampfeinwirkung die chemischen Reaktionen im Holz zunehmen und es u. a. zu einer Verfärbung des Holzes kommen kann.

Die Feuchtigkeitsaufnahme ist beim Dämpfen geringer als beim „Kochen". Kleine Dampfmoleküle können schneller ins Holz eindringen als größere Wassermoleküle, folglich wird das Holz beim Dämpfen gleichmäßiger durchfeuchtet. Das abgebildete Diagramm zeigt die Feuchtigkeitsverteilung in 40 mm dicken Hölzern, die „gekocht" bzw. gedämpft wurden. Beim gedämpften Holz wird die Fasersättigung kaum überschritten, während beim „Kochen" die Holzzellen in den Randbereichen des Werkstückes deutlich mehr Wasser aufnehmen, sie füllen sich praktisch mit Wasser.

5.3 Formen mit dem Biegeband, eine Möglichkeit, kleine Radien zu formen

Die Verformung von Holz, durch Dampf erweicht, ist eine Gratwanderung zwischen Formung und Bruch. Beim Verformen besteht die Gefahr, dass die Festigkeit der Holzfasern überschritten wird und das Holz bricht. Die Größe des Biegeradius ist daher auf die 25- bis 30-fache

Biegen mit dem Biegeband. Eine Leiste soll zu einem U-förmigen Körper gebogen werden.

Das durch Dampf erweichte Holz wird mit dem Biegeband so eingespannt, dass es sich beim Biegen nicht längen kann.

Zum Formen dient ein Körper, um den das eingespannte Holz gebogen wird.

Das Werkstück wird mit einer Schraubzwinge mittig an der Form befestigt.

Beide Werkstückenden werden mit gleichmäßiger Kraft um die Form gebogen.

Das Werkstück wird um den Rückfederweg über die U-Form hinaus gebogen.

Das geformte Holz wird mit Zwingen in seiner Lage fixiert, bis es erkaltet ist.

Nach dem Erkalten federt das Werkstück etwas auf, sobald man die Fixierung entfernt.

Das Holz wurde dauerhaft zu einem U-förmigen Körper geformt.

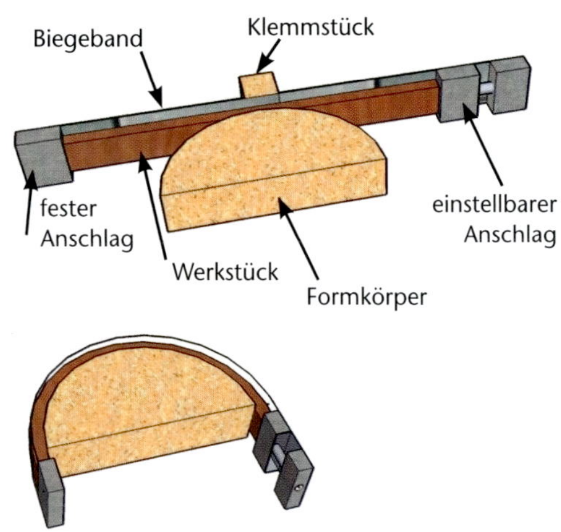

Schematische Darstellung des Holzformens mit dem Biegeband: Ein Holz wird mit einem durch eine Spindel einstellbaren Anschlag so in ein Stahlband eingespannt, dass keine Dehnung möglich ist. Gemeinsam mit dem Stahlband wird es um einen Formkörper gebogen.

Holzdicke begrenzt. Will man kleinere Radien formen, muss man Wege finden, die Zugkräfte im Holz zu begrenzen. Die Kunst des Holzformens besteht darin, eine Dehnung des Holzes zu verhindern. (s. Anhang „Die Mechanik des Biegens"). Möglich ist das mit dem von Michael Thonet erfundenen Biegeband.

Durch Dampf erweichtes Holz wird mit einem Stahlband so eingespannt, dass es sich beim Verformen nicht längen kann.

Zusammen mit dem Stahlband wird das Holz um eine Form gezogen und bis zur völligen Abkühlung fixiert.

Mit diesem Verfahren kann als kleinster Radius eine Größe realisiert werden, die der 10-fachen Holzdicke entspricht. Im Kapitel „Anwendungsbeispiele" wird der Umgang mit dem Biegeband ausführlich beschrieben.

5.4 Formen von gestauchten Hölzern, eine komfortable Lösung

Eine weitere Möglichkeit, Holz mit kleinen Radien zu formen, ohne den Aufwand des Dämpfens selbst zu betreiben, ist die Verwendung von gestauchten Laubhölzern. Gestauchtes Holz wird in einem thermo-mechanischen Prozess hergestellt. Zuerst wird es mit Dampf erweicht und danach in einem Presswerkzeug um ca. 20 % in Faserrichtung gestaucht. In diesem Zustand bleibt es eingespannt, bis es erkaltet ist.

Beim Stauchen kommt es zu einer „Faltung" der Zellwände. Nach dem Abkühlen ist das Holz leicht in jede Richtung formbar.

Modellhaft kann man sich vorstellen, dass die Zellwände, wie bei einem in jede Richtung biegbaren Trinkhalm, verformt werden.

Als Halbzeug in verschiedenen Abmessungen ist gestauchtes Holz im Handel erhältlich. Es ist ohne Hilfsmittel von Hand leicht zu formen. Der kleinstmögliche Biegeradius liegt bei ca. der 10-fachen Materialstärke.

Zwei unterschiedliche Produkte werden angeboten:

- **Bendywood (Ursprünglich „Patentbiegeholz")**

  Holz wird gedämpft, gestaucht und danach in der zusammengepressten Form fixiert und getrocknet. Dadurch bleibt der gestauchte Zustand, auch nach dem Trocknen, erhalten. Das Holz kann jederzeit kalt geformt werden. Es ist unbegrenzt lagerfähig und wird wie normales Holz mechanisch bearbeitet. Durch die thermische Behandlung hat sich seine Biegefestigkeit allerdings um fast 50 % reduziert. Der Festigkeitsverlust muss bei belasteten Werkstücken, z. B. Stühlen, berücksichtigt werden. Der Vorteil bei der Verwendung von Bendywood besteht darin, dass man trockenes Holz formt. Es tritt also kein Schwinden durch eine zusätzliche Trocknung ein.

- **Compwood**
  Bei diesem Produkt wird das gestauchte Holz noch feucht aus der Presse genommen. Nach Wegfall des Druckes entspannt sich das Material und geht auf ca. 95 % seiner ursprünglichen Länge zurück. Das Holz lässt sich, solange seine Holzfeuchtigkeit ≥ 25 % beträgt, ebenfalls kalt formen. Allerdings empfiehlt es sich, ein Biegeband zu verwenden. Die Einhaltung der erforderlichen Holzfeuchtigkeit wird durch Lagerung in einer Klimakammer oder durch Einschweißen der Rohlinge in dichte Plastikfolie erreicht. Das Material muss gegen Schimmelbefall geschützt werden und ist ca. 6 Monate lagerfähig. Nach dem Biegen wird das Holz getrocknet und schwindet. Danach hat es eine Biegefestigkeit von ca. 85–90 % gegenüber unbehandeltem Holz.

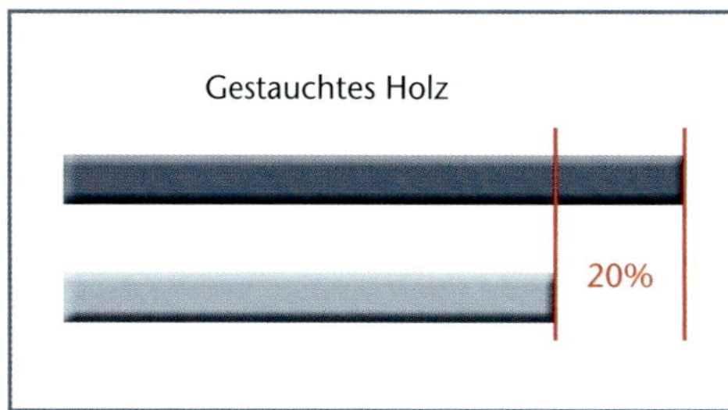

Längenänderung beim Stauchen

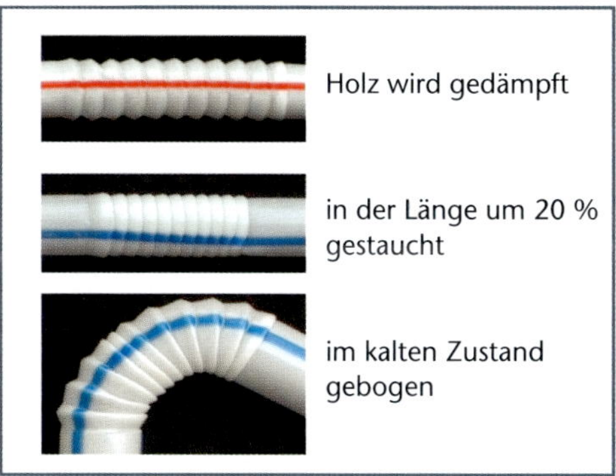

Trinkhalmmodell für gestauchtes Holz

5.5 Weitere Möglichkeiten der Plastifizierung

Neben den beschriebenen Möglichkeiten der Erweichung von Holz durch Wärme gibt es die Möglichkeit, es chemisch zu behandeln. Holz wird z. B. durch Tränken in Ammoniak plastisch.

Die Aufheizung mittels Hochfrequenz ist eine weitere Methode der Plastifizierung. Durch den hohen technischen Aufwand sind diese Verfahren jedoch nur für spezielle industrielle Anwendungen geeignet.

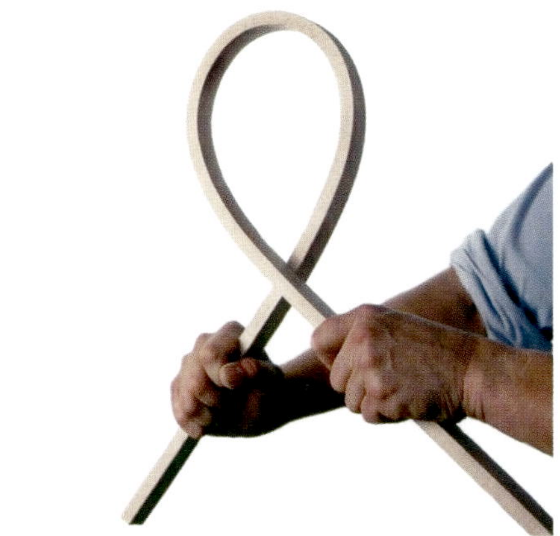

Gestauchtes Holz kann leicht von Hand geformt werden (Foto: Bendy Wood).

6. Anwendung der verschiedenen Verfahren beim Möbelbau

Nachdem in dem vorangegangenen Kapitel die verschiedenen Techniken theoretisch behandelt wurden, soll nun an konkreten Beispielen aufgezeigt werden, wie hölzerne Möbelteile geformt werden. Dabei wird ersichtlich, dass kein großer Aufwand dazu erforderlich ist und mit einer normalen Werkstattausstattung gute Ergebnisse zu erzielen sind.

6.1 Einige grundsätzliche Anmerkungen

Am Anfang der Holzformung steht die Idee, wie das Werkstück aussehen soll. In vielen Fällen, insbesondere bei gebogenen Möbelteilen, empfiehlt es sich, das geplante Werkstück in seiner Originalgröße aufzuzeichnen. Mit dem Entwurf kann überprüft werden, ob die Proportionen harmonisch wirken, und die Zeichnung dient später zur Kontrolle der geformten Rohlinge.

Die Größe der Biegeradien, das zu verarbeitende Holz sowie die verwendete Biegetechnik müssen in Einklang stehen. Da es keine festen Regeln über die gegenseitigen Abhängigkeiten gibt – besonders unvorhersehbar ist das Rückfederverhalten – sind Vorversuche hilfreich. Erbringen diese die gewünschten Resultate, ist die geplante Form realisierbar, und die endgültige Biegeform kann gebaut werden.

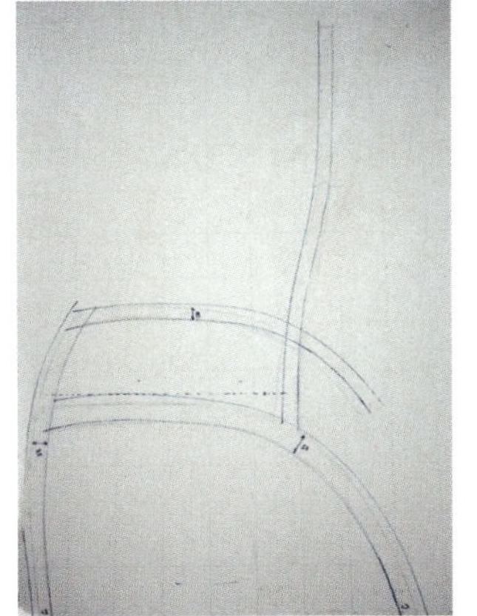

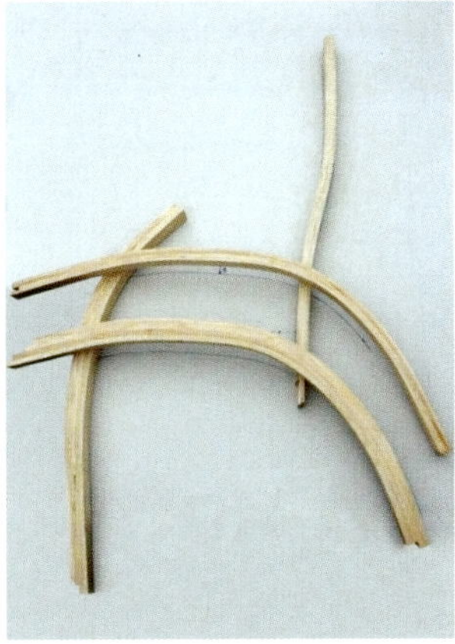

Eine Zeichnung im Maßstab 1:1 hilft, die Proportionen des Entwurfes zu beurteilen und die geformten Werkstückrohlinge zu überprüfen.

Berücksichtigung des Rückfederns beim Formenbau

Der Radius der Biegeform wird um den Rückfederweg verkleinert, um die gewünschte Form des zu biegenden Werkstückes zu erhalten.

Rück-federweg

Rück-federweg

Korrektur der Biegeform

Form des zu biegenden Werkstückes

Der Radius der Biegeform wird um den Rückfederweg verkleinert, um die gewünschte Form des zu biegenden Werkstücks zu erhalten.

6.2 Holzformen braucht Vorrichtungen

Zum Holzformen benötigt man einen Formköper. Es versteht sich, dass dessen Form der gewünschten Kontur des Werkstückes entspricht, jedoch – und das ist die Kunst – muss das Rückfederverhalten des Holzes bei der Formauslegung berücksichtigt werden. Das bedeutet, der Biegewinkel muss um das in Versuchen ermittelte Rückfedermaß vergrößert werden. Das Holz wird entsprechend überbogen.

Generell muss eine Biegeform folgende Anforderungen erfüllen:

- Ausreichende Festigkeit, da beim Biegen erhebliche Kräfte auftreten können
- Glatte Oberflächen, denn Unebenheiten oder Kanten übertragen sich auf das Werkstück und beschädigen dessen Oberfläche. Scharfe Einkerbungen können zum Bruch führen
- Möglichkeiten zur Anbringung von Klemmeinrichtungen, z. B. Schraubzwingen
- Befestigungsmöglichkeiten an einer Werkbank

Die Biegeform kann aus Holz oder Metall bestehen. Bei Einzelanfertigungen oder kleinen Stückzahlen empfiehlt sich eine Holzform. Zur Herstellung eignen sich besonders mitteldichte Faserplatten (MDF-Platten), da diese formstabil sind, d. h. nicht quellen oder schwinden, sich leicht bearbeiten lassen und eine glatte Oberfläche haben. Die Herstellung eines Formkörpers zum Formen in einer Ebene ist relativ einfach, wie das folgende erste Beispiel zeigt:

Sesselgestell aus geformtem Kirschholz

Symmetrische Formteile werden in einem Stück geformt und dann aufgeschnitten. So wird ein gleichmäßiges Rückfedern sichergestellt.

6.3 Fertigung der Biegerohlinge für ein Sesselgestell aus Kirschholz

Für das im Bild gezeigte Sesselgestell sind drei verschiedene Geometrien zu formen.

Dabei ist zu beachten: Die Teile für die rechten und linken Sesselholme müssen exakt gleich sein. Das erreicht man, indem man Werkstücke mit doppelter Breite formt und anschließend durch einen Längsschnitt trennt. Nur so ist die gewünschte Übereinstimmung der Teile zu erreichen.

Als erster Schritt wird der Entwurf im Maßstab 1:1 erstellt und das Biegeverfahren ausgewählt. Holzdicke und Holzart sowie der Biegeradius bestimmen das Verfahren. Das Rückenteil weist eine geringe Biegung in zwei Richtungen auf. Es bietet sich eine Schichtholzlösung an, bei der mehrere Holzlagen elastisch gebogen und verleimt werden. Die übrigen Teile werden mittels Dampf plastisch verformt. Da ihr Querschnitt relativ groß ist, empfiehlt es sich, die Teile mehrlagig herzustellen. So werden die Biegekräfte begrenzt und das Rückfedern minimiert.

Drei verschiedene Biegeformen sind erforderlich, um das Sesselgestell zu fertigen.

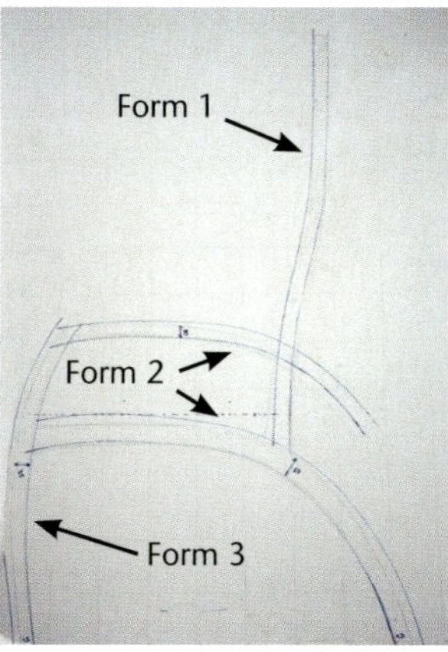

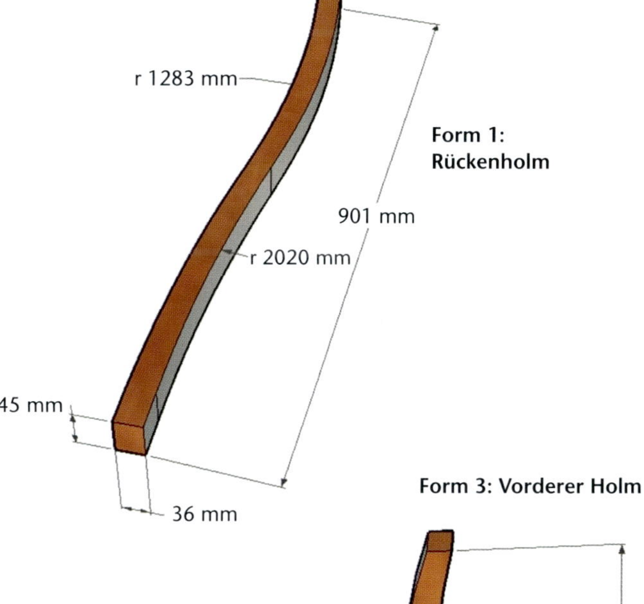

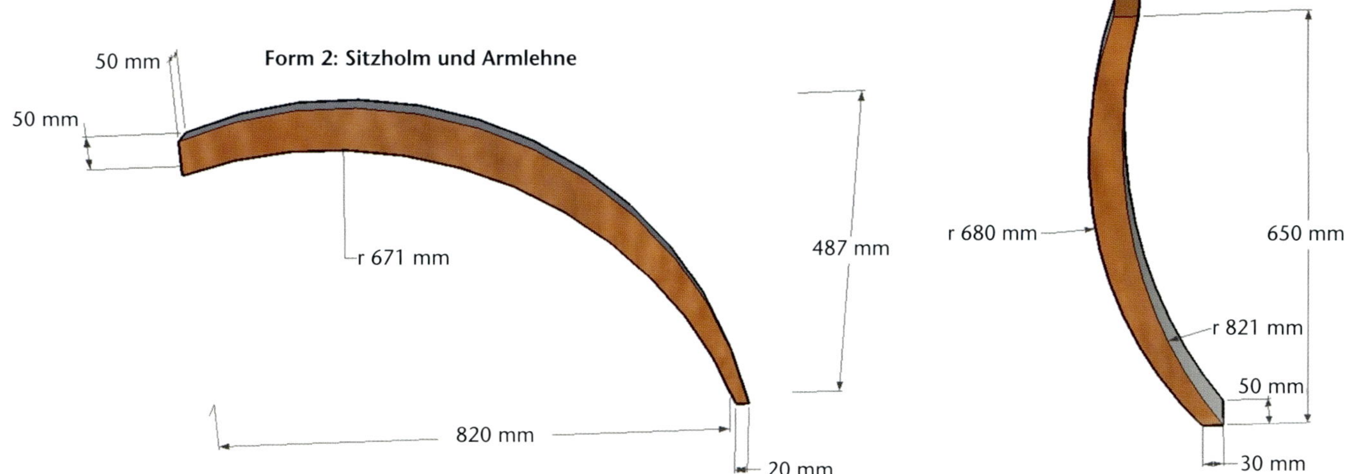

Mit Hilfe eines biegbaren Kurvenlineals wird die Form aufgezeichnet.

Die Form wird ausgesägt. Dabei ist darauf zu achten, dass die Konturlinie nicht unterschnitten wird.

Die Kontur wird mit einer Schleifmaschine dem Anriss angepasst.

Durch Kopierfräsen erhalten alle Platten die gleiche Form. Dabei dient die erste Platte als Referenz.

Mehrere Platten werden zu einer Form verleimt. Dübel positionieren die Platten zueinander.

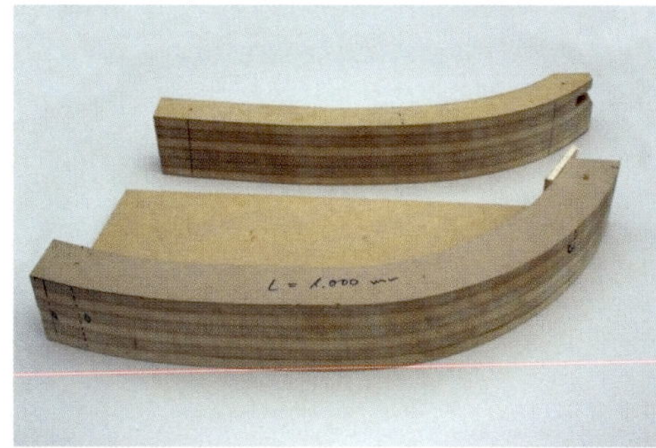

Verschiedene Biegeformen aus MDF-Platten verleimt

Formenbau

Nachdem die Biegeverfahren festgelegt sind, kann mit dem Formenbau begonnen werden.

- Die gewünschte Kontur wird von der Zeichnung auf eine MDF-Platte übertragen und mit einer Band- oder Stichsäge ausgesägt. Es ist darauf zu achten, dass die Konturlinie nicht unterschnitten wird, sondern ein wenig Material übersteht.
- Der Überstand wird anschließend mit einer Schleifmaschine oder von Hand abgeschliffen. Auf rechtwinklige Kanten mit glatter Oberfläche ist zu achten.
- Da die Werkstücke breiter sind, als die MDF-Platte dick ist, müssen mehrere Platten aufeinander geleimt werden. Die Biegeform sollte ca. 20 mm breiter als das Werkstück sein. Damit alle zu verleimenden Einzelplatten die gleiche Kontur haben, werden sie kopiergefräst. Die erste Platte dient als Referenz. Dübel positionieren die Platten zueinander.
- Nach dem Verleimen wird die Form nochmals übergeschliffen.
- Zum Schutz gegen Feuchtigkeit und Leim wird die Form geölt oder gewachst.

Die gefertigten Formen werden sowohl zum Biegen als auch zum Verleimen der Formhölzer benutzt.

Erstellung der Rückenlehne als Schichtholz

Zwei exakt gleiche Teile, von 45 mm Breite, werden für die Holme der Rückenlehne benötigt. Sie werden, wie bereits beschrieben, aus Brettern größer als die doppelte Breite gebogen. (Die Breite ist 2 x 45 mm, plus Sägeschnitt, plus Hobelzugabe, somit ca. 100 mm.)

- Die Anzahl der Holzlagen und ihre Stärke werden ermittelt. Da der Biegeradius größer als 500 mm ist, kann das zu biegende Holz 9 mm stark sein (vgl. Kap. 5.1). Die Holme sollen 36 mm stark werden, somit benötigt man vier Brettlagen.
- Die Biegeform wird auf der Hobelbank fixiert und Anpressklötze in ausreichender Zahl bereitgelegt.

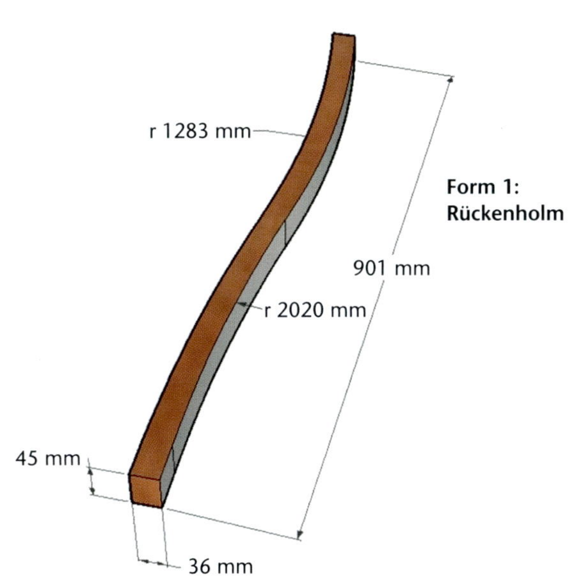

Form 1: Rückenholm

Die Brettlagen werden ohne Leim probeweise verpresst.

Will man Holz formen, muss man ausreichend Schraubzwingen haben.

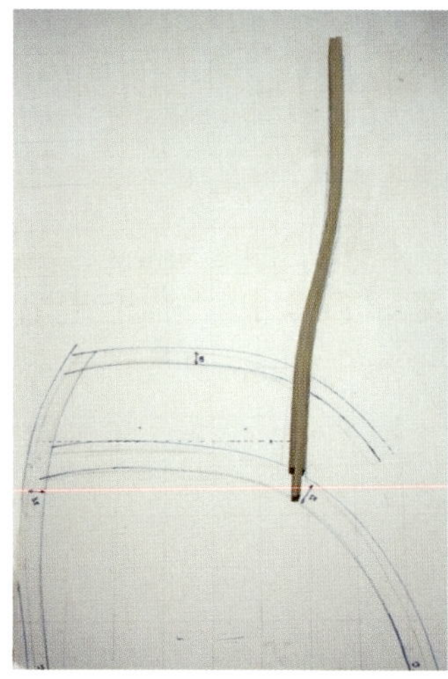

Die Form der Rückenlehne, aus vier gebogenen Brettern schichtverleimt, wird an Hand der 1:1-Zeichnung überprüft.

Alle schichtverleimten Formteile wurden zur Rückenlehne verleimt.

- Ein 9 mm dickes Musterbrett wird angefertigt und eine Probebiegung durchgeführt. Lässt sich das Holz einwandfrei in die gewünschte Form bringen, werden die übrigen Hölzer gleich dick gehobelt.
- Um zu prüfen, ob das gesamte Holzpaket ausreichend biegbar ist, empfiehlt sich ein Biegeversuch ohne Leim.
- Hat man sich davon überzeugt, dass der Biege- und Pressvorgang einwandfrei ablaufen kann, wird die Lage der einzelnen Bretter zueinander gekennzeichnet.
- Danach löst man den Verbund und beleimt die einzelnen Hölzer mit PVA-Leim.
- Die Lagen werden entsprechend der Kennzeichnung aufeinander gelegt und mit Anpressklötzen gegen die Form gepresst.
- Mit der Pressung beginnt man an einem Ende und setzt nacheinander Zwingen an. Mit jeder Zwinge wird der Verbund mehr gebogen. Damit eine gleichmäßige Pressung entsteht, müssen die vorangegangenen Zwingen nachgezogen werden.

Die beleimten Flächen neigen dazu, sich beim Pressen quer zueinander zu verschieben. Durch seitliche Anschläge an der Form wird das verhindert.

- Nachdem der Leim abgebunden hat, wird das Werkstück ausgespannt. Das verleimte Holz federt kaum zurück. Die Form wird an Hand der 1:1-Zeichnung überprüft.
- Zum Abschluss werden die Kanten verputzt, das Werkstück geteilt und beide Holme auf Breite gehobelt.

Nach der gleichen Methode, wie die Holme gefertigt wurden, werden auch die übrigen Einzelteile der Rückenlehne schichtverleimt.

Plastische Formung der übrigen Teile

Die stark gebogenen Sesselteile werden mittels Dampf plastisch verformt. Dazu benötigt man eine Dämpfeinrichtung. Sie besteht aus einer dampfdurchströmten Kammer und einem Dampferzeuger.

Bau einer Dämpfkammer

Die einfachste Form einer Dämpfkammer ist eine Holzkiste, die man selbst bauen kann.

- Die Kammer wird aus wasserfest verleimten Holzplatten (z. B. 12-mm-Siebdruckplatten) gefertigt.
- Ihre Abmessung ist der Werkstückgröße angepasst. Sie sollte nicht zu groß sein, um unnötigen Dampfverbrauch zu vermeiden.
- Der Dampf muss das Werkstück von allen Seiten umströmen können. Rundhölzer, als Abstandshalter in der Kammerwand angebracht, übernehmen diese Funktion.
- Die Kammer hat stirnseitig eine verschließbare Öffnung, durch die sie beschickt wird. Ein verschiebbarer Deckel ist eine Lösung, um die Kammer den Werkstücklängen anzupassen. Der Spalt zwischen Deckel und Kammer sollte minimal sein, um unnötige Dampfverluste zu vermeiden.
- An einem Ende der Kammer wird Dampf über ein Rohr eingeleitet. Er durchströmt den gesamten Raum.
- Am anderen Ende ist eine Bohrung im Boden angebracht, durch die entstehendes Kondensat abläuft.
- Die Kiste wird schräg aufgestellt, damit das Kondensat abläuft und sich nicht in der Kammer sammelt.
- Bei niedriger Umgebungstemperatur empfiehlt es sich, die Kammer zu isolieren, um hohe Kondensation zu vermeiden.

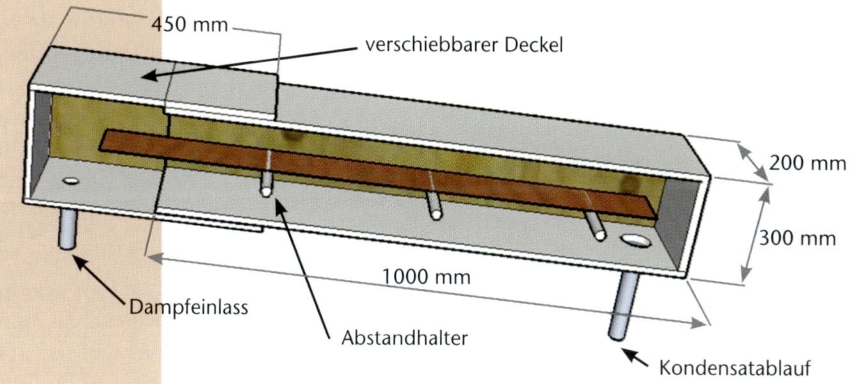

Schnittbild einer Dämpfkammer

Ein beheizter Kessel, der durch ein Rohr mit der Dämpfkammer verbunden ist, wird zur Dampferzeugung benutzt.

Eine Dämpfeinrichtung besteht aus einer Dämpfkammer und einem Dampfgenerator.

Dampferzeugung

Zur Dampferzeugung kann man einen beheizbaren Kessel verwenden, der durch eine Dampfleitung mit der Kammer verbunden ist.

Sicherer ist es einen Dampfgenerator zu benutzen. Relativ preiswert sind Geräte, die als Dampfreiniger im Haushalt zum Einsatz kommen. Die Geräte erzeugen Sattdampf von ca. 105 °C. Das ist die richtige Temperatur zum Erweichen des Holzes. Eine Wasserfüllung liefert für ca. 1 Stunde Dampf. Die Zeit ist erfahrungsgemäß ausreichend, um 30–50 mm starkes Holz zu erweichen. Außerdem kann bei diesen Geräten der Dampfstrom ein- und ausgeschaltet werden, dadurch wird die Verbrennungsgefahr beim Beschicken der Kammer reduziert.

Grundsätzlich gilt: Vorsicht! Beim Umgang mit Dampf besteht die Gefahr der Verbrennung. Schutzhandschuhe sind unbedingt erforderlich.

Arbeitsschritte beim Dämpfen

- Bevor mit dem Holzdämpfen begonnen wird, flutet man die Kammer mit Dampf, um sie zu erwärmen.
- Danach wird das Werkstück in die Kammer geschoben und erhitzt.
- Nach der entsprechenden Verweilzeit (1–2 Minuten pro mm Holzdicke) wird die Dampfversorgung abgeschaltet und das Holz entnommen.
- Das erweichte Holz muss sofort um die Form gebogen werden. Unnötige Abkühlung ist zu vermeiden.

Das Formen des Werkstückes

Dünne Werkstücke können nach dem Dämpfen ohne Hilfsmittel von Hand geformt werden. Bei dickeren Werkstücken, wie den Sesselteilen, ist ein Biegeband erforderlich.

Herstellung eines Biegebandes

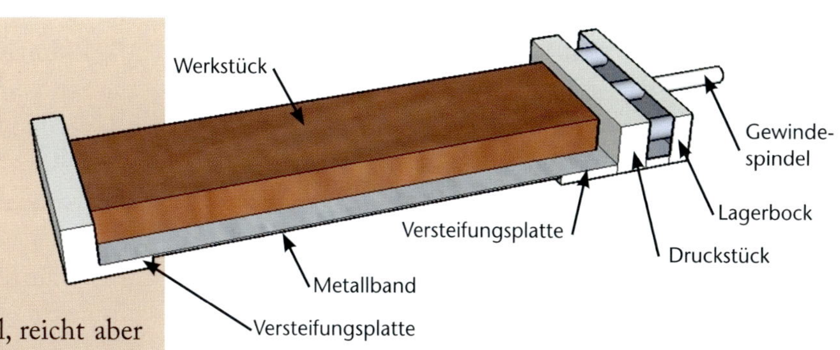

Aufbau eines Biegebandes

- Als Biegeband eignet sich ein maximal 1 mm dickes Metallband, am besten aus rostfreiem Stahl. Kupferblech kann ebenfalls verwendet werden, es ist bei jedem Klempner erhältlich. Kupferblech hat zwar nur ca. 50 % der Zugfestigkeit von Stahl, reicht aber für das Formen von Hölzern bis ca. 35 mm Dicke aus.
- Um die gesamte Holzfläche abzudecken, muss das Band breiter als das Werkstück sein.
- Die Bandlänge ist der Werkstückgröße angepasst.
- An den Enden des Biegebandes werden Anschläge angebracht, zwischen die das erweichte Holz eingespannt wird. Der eine Anschlag wird fest mit dem Band verbunden, der andere besteht aus einem Lagerbock mit einer Gewindespindel. Mit der Spindel und einem Druckstück kann das Werkstück gegen den gegenüberliegenden Anschlag gepresst werden.
- Beim Einspannen des Werkstückes tendiert das Band dazu, nach hinten zu knicken. Um das zu verhindern, werden an den Enden des Spannbandes Versteifungsplatten angebracht.
- Die Verlängerung der Versteifung kann als Griff ausgeformt werden. Über diesen Hebel wird die Biegekraft aufgebracht.
- Bei einem Band zum Formen langer Werkstücke wird in der Mitte des Bandes eine U-förmige Klammer angebracht. Sie verhindert ein Abrutschen des Bandes vom Werkstück.

Beim Biegen muss alles schnell gehen, alle Hilfsmittel liegen bereit.

Formen mit dem Biegeband

Es ist notwendig, den Arbeitsablauf gut zu planen. Der gesamte Formvorgang muss zügig ablaufen, um ein vorzeitiges Abkühlen des Werkstückes zu vermeiden. Die Biegeform ist auf der Hobelbank fest eingespannt, alle Hilfsmittel, z. B. Schraubzwingen und Anpressklötze, sind bereitgelegt.

Das erwärmte Holz wird so auf das Biegeband gelegt.

Mit der Gewindespindel wird das Werkstück so eingespannt, dass es sich nicht längen kann. Die Versteifungsplatten an der Rückseite des Bandes verhindern ein Wegknicken des Bandes beim Einspannen.

An einem Ende wird das Werkstück mit einer Schraubzwinge an der Form befestigt, das andere Ende wird gebogen.

Während des Formens werden weitere Schraubzwingen angesetzt und das Holz an die Form gepresst.

Das geformte Werkstück wird fixiert, bis es erkaltet ist.

Entfernt man die Spannmittel, federt das geformte Werkstück auf.

- Das durch Dampf erwärmte Holz wird mit dem Biegeband eingespannt, sodass es sich nicht längen kann.
- Holz und Biegeband werden an einem Ende der Form mit einer Schraubzwinge befestigt.
- Sie werden gemeinsam, mit einer gleichmäßigen Bewegung, um die Form gebogen. Bei stärkeren Hölzern wird die Biegekraft durch einen Hebel oder einen Flaschenzug aufgebracht.
- Während des Biegevorganges werden von einer zweiten Person weitere Schraubzwingen an der bereits gebogenen Fläche angesetzt und mit ihnen das Werkstück gegen die Form gepresst.
- Ist der Formvorgang beendet, wird das Werkstück in seiner Lage fixiert.
- Im fixierten Zustand kühlt das Werkstück über mehrere Stunden ab und beginnt zu trocknen.
- Nach der Abkühlung werden die Spannmittel entfernt. Das Werkstück federt etwas auf.

Die zu formenden Sesselteile sollen eine Stärke von 50 mm haben. Ein so starkes Holz zu formen erfordert erhebliche Biegekräfte, die man manuell nicht aufbringt. Daher werden zwei 25 mm starke Hölzer geformt und anschließend schichtverleimt. Um sicherzustellen, dass die paarweise zusammengehörenden Sesselteile exakt gleich sind, werden Werkstücke doppelter Breite geformt und nach dem Schichtverleimen halbiert.

6.4 Herstellung von gebogenen Tischbeinen

Für den abgebildeten Klapptisch wurde eine Konstruktion mit gebogenen Beinen gewählt. Diese Beinform bietet zwei Vorteile:

- Durch die Krümmung ergibt sich eine große Leimfläche für die Verbindung Tischzarge und Tischbein und damit eine steife Verbindung.
- Die Tischbeine stehen im aufgeklappten Zustand gegenüber der Tischplatte zurück, was zu einer größeren Beinfreiheit führt.

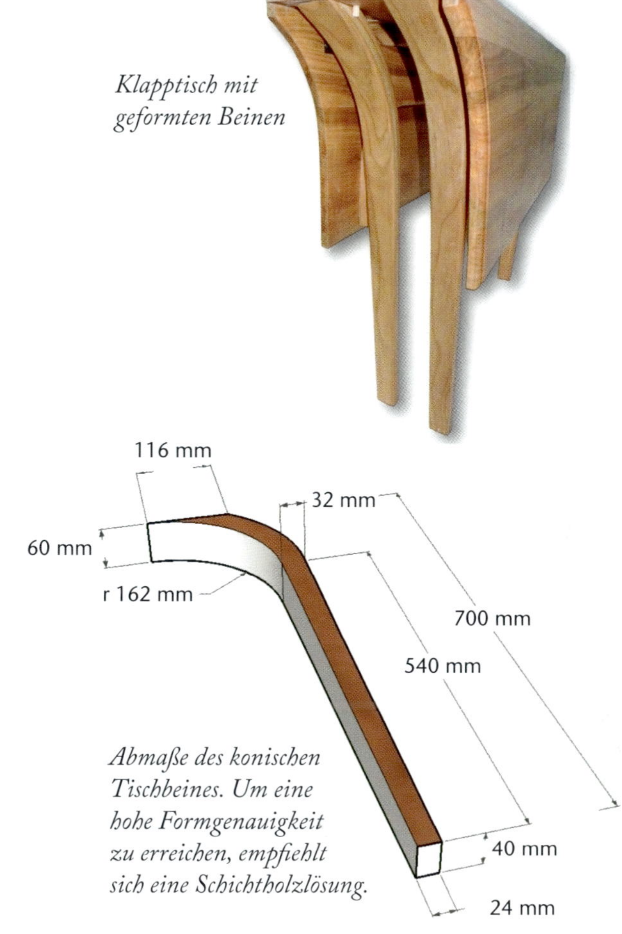

Klapptisch mit geformten Beinen

Abmaße des konischen Tischbeines. Um eine hohe Formgenauigkeit zu erreichen, empfiehlt sich eine Schichtholzlösung.

Um eine hohe Formgenauigkeit aller vier Beine zu erreichen, bietet sich eine Schichtholzkonstruktion an.

Die Beine sollen konisch zulaufen, deshalb werden bereits die einzelnen Schichthölzer konisch gehobelt.

Konisch Hobeln von Schichthölzern

Das konische Hobeln von Schichthölzern erfolgt am einfachsten mit einer Dickten-Hobelmaschine und einer konischen Auflage.

In diesem Beispiel werden 800 mm lange Bretter gleichmäßig von 8 mm auf 6 mm verjüngt.

Die konische Auflage besteht aus zwei übereinander liegenden Platten von 800 mm Länge, die an einem Ende mit einem 2-mm-Distanzstück auf Abstand gehalten werden. So entsteht ein Träger, dessen Dicke sich kontinuierlich verjüngt. An den Stirnseiten der Auflage sind Anschlagleisten angebracht, zwischen denen das zu hobelnde Schichtholz gehalten wird. Auflage und Schichtholz werden als Verbund durch die Dickte gefahren. Dabei entstehen konisch zulaufende Hölzer.

Die Schichthölzer werden mit einer konischen Auflage durch die Dickte geschickt.

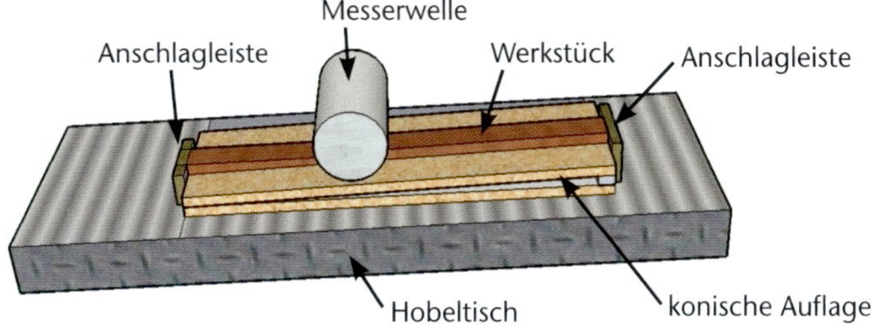

Prinzipdarstellung wie Hölzer mit einer Dickte konisch gehobelt werden.

Mit einer Heißluftpistole wird das Werkstück erwärmt und gleichzeitig gebogen.

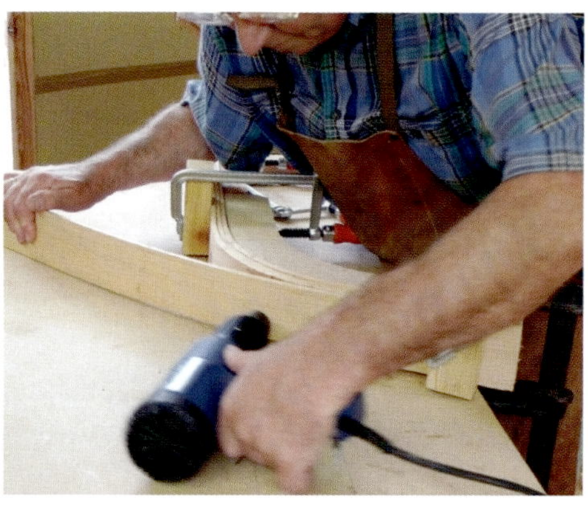

Mehrere Holzlagen werden übereinander geformt.

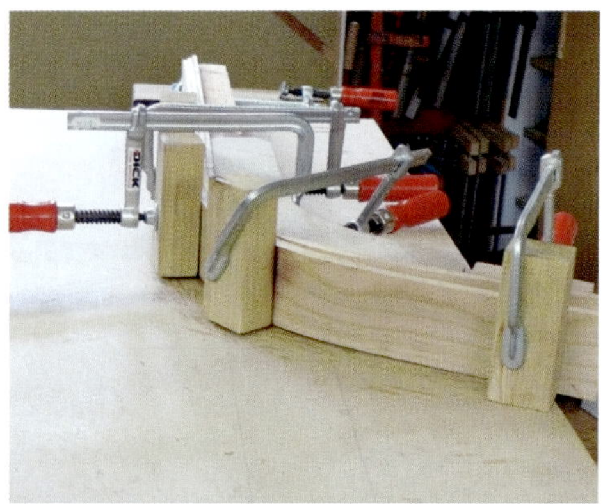

Die geformten Hölzer werden mit Schraubzwingen fixiert, bis sie abgekühlt sind.

Die geformten Hölzer federn etwas auf.

Die einzelnen Hölzer werden beleimt.

Die beleimten Bretter werden auf der Biegeform gepresst.

Arbeitsschritte zur Herstellung der konischen Tischbeine

Die Biegeform wird, wie im Beispiel 1 beschrieben, ebenfalls aus MDF-Platten gefertigt.

Für ein Tischbein von 32 mm Stärke, das sich auf 24 mm reduziert, sind vier Hölzer zu schichten, die zuvor mit Heißluft plastifiziert und geformt wurden.

- Mit einer Schraubzwinge wird das erste Schichtholz an einem Ende an der Form befestigt.
- Das Werkstück wird mit einer Heißluftpistole erwärmt, indem man den Warmluftstrahl gleichmäßig hin und her bewegt.
- Während der Warmluftstrahl das Werkstück erweicht, wird das Holz geformt, indem es von Hand gegen die Form gedrückt wird.
- Das geformte Werkstück wird mit Zwingen fixiert, bis es erkaltet ist.
- Anschließend werden die übrigen Holzlagen in gleicher Weise geformt. Dabei dient das schon geformte Holz als neue Biegeform. So entsteht ein Stapel von Schichthölzern, die im Radius angepasst sind.
- Wird die Fixierung entfernt, federt das Werkstückpaket um den Anteil der elastischen Biegung auf.
- Anschließend werden die einzelnen Schichthölzer mit Leim versehen und auf der Biegeform zu einem Paket gepresst.
- Nachdem der Leim ausgehärtet ist, werden die Zwingen entfernt. Das Werkstück federt nicht mehr auf. Es hat exakt die Kontur der Biegeform angenommen.
- Zum Schluss wird das Tischbein auf Breite geschnitten, verputzt und mit der Zarge verleimt.

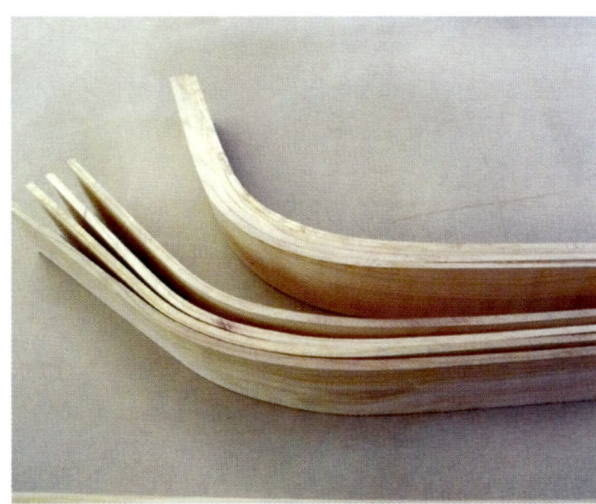

Die Abbildung zeigt die geformten Einzellamellen und den verleimten Biegerohling.

Das geformte Tischbein mit eingeleimter Zarge

26 mm
26 mm
660 mm
200 mm
340 mm
16 mm

Konisches Tischbein mit einer 90°-Drehung in Längsrichtung

Tisch mit einem verdrehten Tischbein

6.5 Verdrehen von Holz um seine Längsachse

Für einen schlanken Beistelltisch soll ein Tischbein als „Hingucker" um seine Längsachse verdreht werden. Laubholz kann man nach Dämpfen ohne Schaden verdrehen, wenn eine Dehnung während des Drehens verhindert wird.

- Ein Kantholz mit quadratischem Querschnitt wird sauber auf Maß gehobelt, in diesem Beispiel auf 26 x 26 mm.
- Das Holz wird mit Dampf erweicht und zwischen zwei Festpunkten so eingespannt, dass keine Dehnung möglich ist. Das geschieht z. B. mit den Bankeisen einer Hobelbank, die mit der Hobelbankspindel zusammengepresst werden. Dabei wird das gedämpfte Holz in Längsrichtung ein wenig gestaucht. Durch die Stauchung werden mögliche Zugspannungen sicher vermieden.
- Der Holzbereich, der nicht verdreht werden soll, muss formschlüssig eingespannt sein. An einem Ende des Tischbeines geschieht das durch Schraubzwingen. Mit ihnen wird das Werkstück auf der Hobelbank fixiert. Das Ende, an dem gedreht werden soll, fasst man mit zwei Metallwinkel ein. Nur der zu verdrehende Bereich bleibt frei. Damit sich das Holz gegenüber dem Bankeisen leicht verdrehen lässt, ist eine glatte Kontaktfläche eingelegt.
- An dem mit den Metallwinkeln eingefassten Ende setzt man einen Hebel an und dreht mit diesem das Holz. Als Hebel kann z. B. eine lange Schraubzwinge dienen. Der Verdrehwinkel ist etwas größer als 90°, da auch bei dieser Formung ein elastisches Rückfedern auftritt.
- Der Hebel wird in seiner Endlage fixiert. Das verdrehte Werkstück bleibt so lange eingespannt, bis es völlig erkaltet ist. Nach dem Erkalten besteht eine dauerhafte Verformung.

Nachdem das Holz getrocknet ist, wird das Bein konisch gehobelt und mit den übrigen Beinen und der Zarge zu einem Tischgestell verleimt. Am verleimten Gestell erkennt man, dass das gedrehte Bein leicht abgewinkelt ist. Die Ursache für die Formabweichung sind Biegekräfte, die beim Verdrehen zusätzlich auftraten. Vorsichtig wird der verformte Bereich des Tischbeines mit einer Heißluftpistole erwärmt und von Hand gerichtet.

Das Werkstück wird in der Hobelbank eingespannt. Nur der zu verdrehende Bereich ist frei.

Das gedämpfte Holz wird um seine Längsachse verdreht und bleibt eingespannt, bis es erkaltet ist.

Biegekräfte, die beim Verdrehen zusätzlich auftraten, sind die Ursache für die Formabweichung.

Mit Heißluft wird das Tischbein erwärmt und durch Biegen von Hand gerichtet.

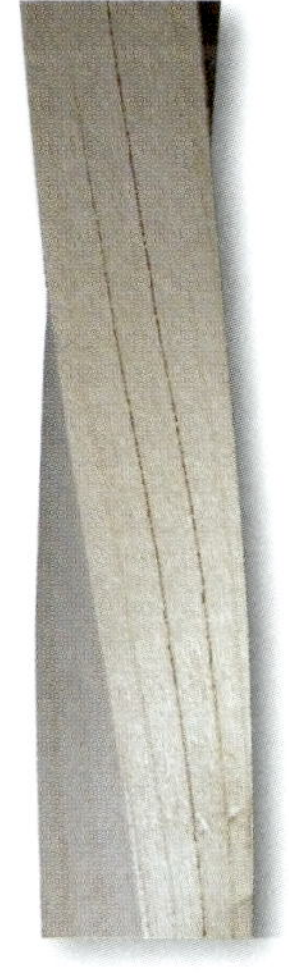

Beim Verdrehen entstehen Scherkräfte im Holz, die an der Oberfläche, in Faserrichtung, feine Risse hervorrufen können.

Das Verdrehen von Holz in Längsrichtung ist ein schwer einschätzbarer Formvorgang. Beim Verdrehen entstehen Scherkräfte im Holz, die an der Oberfläche, in Richtung Faserverlauf, feine Risse hervorrufen können. Normalerweise sind diese Risse unkritisch. Kleinste Fehler in der Holzstruktur führen jedoch zum Aufreißen des Holzes (siehe Kapitel „Die häufigsten Fehler beim Holzformen").

6.6 Herstellung einer gekrümmten Schranktür

Für das abgebildete Schränkchen soll eine gekrümmte Tür gefertigt werden. Die Tür wird aus geschlitzten MDF-Platten, die vor dem Biegen furniert wurden, gebogen. Bereits geschlitzte MDF-Platten werden als Halbzeug angeboten, z. B. TOPAN-Form der Fa. Klunz. Sie sind aber auch leicht selbst herzustellen. Mit einer Kreissäge schneidet man parallele Schlitze in eine MDF-Platte.

Die Arbeitsfolge:

- Es wird eine Biegeform hergestellt. Zwei Formstücke mit der gewünschten Kontur werden ausgesägt. Leisten werden mit Abstand auf die Formstücke geschraubt, sodass eine Negativform der späteren Tür entsteht.
- Zwei MDF-Platten werden geschlitzt und furniert. Der erforderliche Schlitzabstand muss empirisch ermittelt werden. Er ist abhängig vom Biegeradius. Damit die Oberfläche der gebogenen Tür nicht wie ein Vieleck wirkt, sondern einem sauberen Bogen folgt, darf der Schlitzabstand nicht zu groß sein. 10–20 mm Abstand ist ein guter Erfahrungswert. Die Schlitztiefe beträgt ca. ⅔ der Plattenstärke
- Eine der geschlitzten Platten wird, mit dem Furnier nach außen, so in die Form gebogen, dass die Schlitze axial verlaufen. Damit die Platte ihre gebogene Form behält, muss sie mit einer zweiten gebogenen Platte (die Schlitze nach innen) verleimt werden. Die Pres-

Schrank mit gebogener Tür

Leisten auf Formstücke geleimt bilden die Biegeform für das Verleimen geschlitzter MDF-Platten.

Geschlitzte MDF-Platten werden einseitig furniert und beleimt.

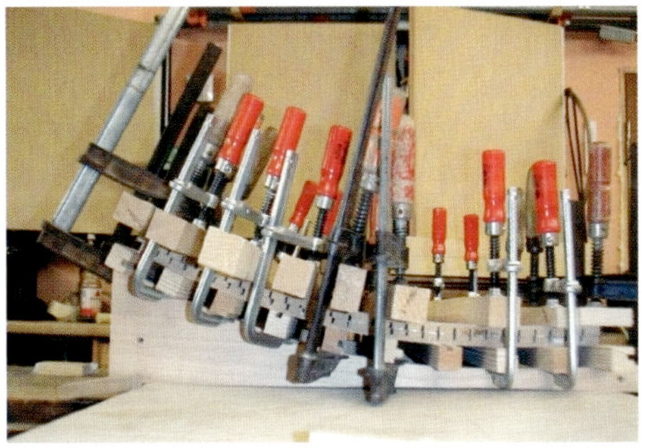

Die gebogenen Platten werden auf der Form miteinander verleimt.

Das verleimte Werkstück hat die Kontur der Form angenommen.

sung erfolgt über die gesamte Werkstückbreite mit Kanthölzern und Schraubzwingen.

- Bis der Leim abgebunden hat, bleibt der Verbund gepresst. Nach dem Entfernen der Zwingen hat das Werkstück exakt die Kontur der Form angenommen und kann weiter bearbeitet werden.

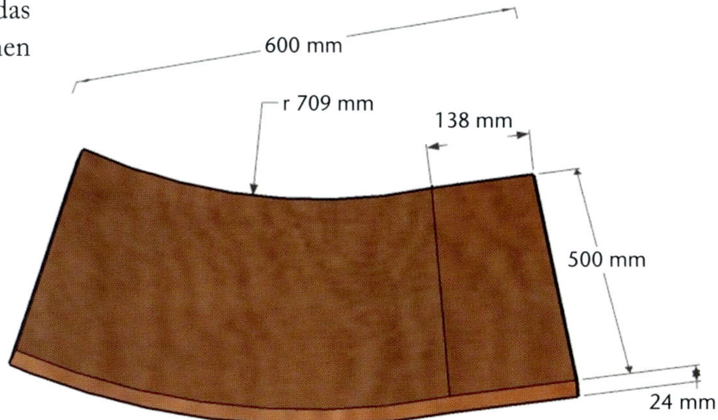

Abmaße der gekrümmten Schranktür

6.7 Biegen durch Längseinschnitte

Schrankfront, die Tür und die Drehlade haben eine gebogene Griffkante

Bei dem abgebildeten Schrank sind die Ecken der Tür und der Drehlade als Griffkanten aufgebogen worden.

Die Biegung der Griffkanten erfolgt 45° zur Holzfaser. Gegenüber einer normalen Biegung (90° zur Holzfaser) ist die Biegefestigkeit des Holzes in diesem Fall deutlich geringer, und es besteht eine erhöhte Bruchgefahr.

Das 20 mm dicke Holz ist mit einem 30-mm-Biegeradius nur biegbar, wenn der zu biegende Holzquerschnitt reduziert wird. Dies geschieht durch Einschnitte im Holz.

- Indem vier parallele Schnitte an der Brettecke, in Faserrichtung angebracht werden, wird der zu biegende Holzquerschnitt reduziert. Der Abstand der Schnitte bestimmt den möglichen Biegeradius, die Tiefe der Einschnitte den Biegebereich.
- In die Schnittfugen werden passende Holzstücke, z. B. Furnierstreifen, eingelegt.
- Die Ecke des Brettes wird zusammen mit den Furnierstreifen versuchsweise um ein Formstück gebogen.
- Hat man sich davon überzeugt, dass ein Biegen mit dem gewünschten Radius möglich ist, werden die Furnierstreifen noch einmal entnommen, beleimt und wieder eingefügt. Das Paket wird erneut gebogen und bleibt eingespannt, bis der Leim ausgehärtet ist.
- Das überstehende Furnier wird abgeschnitten und das Werkstück verputzt.

Auf gleiche Weise wird ein zweites Brett gebogen. Die Teile werden auf Maß geschnitten und mit der Tür bzw. der Drehladenfront verleimt.

In Faserrichtung wird die Ecke des Brettes eingesägt.

Furnierstreifen, die der Schlitzgröße entsprechen, werden zugeschnitten.

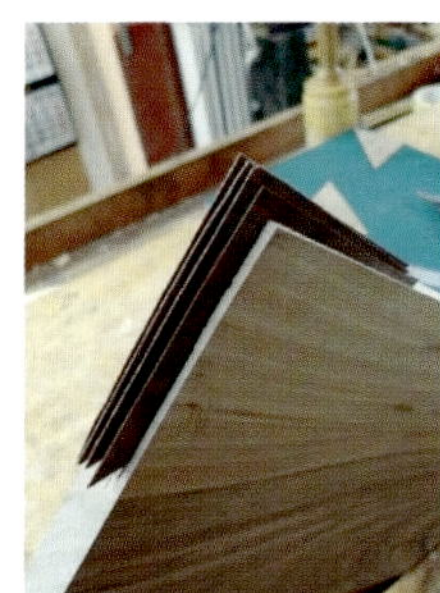
Furnierstreifen füllen den Sägeschlitz aus.

Die geschlitzte Ecke wird zusammen mit den Furnierstreifen gebogen.

Das gebogene und verleimte Holz wird verputzt und kann so weiterverarbeitet werden.

Die Griffkanten werden angeleimt.

6.8 Fertigung einer Schatulle aus Formholz

Der halbrunde Deckel der abgebildeten Schatulle wurde aus Buchenfurnier schichtverleimt und mit einem Deckfurnier aus Zebrano-Holz versehen (Zeichnung: Abmaße des Deckels).

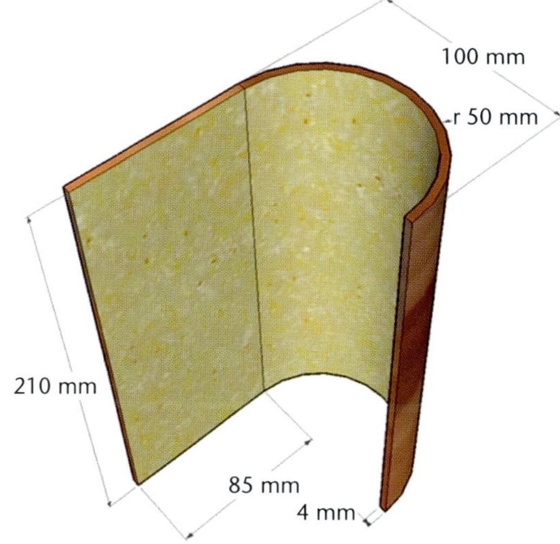

Eine Schatulle mit halbrundem Deckel soll gefertigt werden. Der Korpus soll sehr dünn und leicht sein, da empfiehlt sich eine Formholz-Konstruktion aus verleimten Furnierlagen.

Um die Furniere zu biegen, ist ein Formkörper erforderlich. Er wird in bekannter Weise aus MDF-Platten gefertigt und sauber geschliffen.

Die Oberfläche der Form wird mit Leinöl behandelt, um sie vor Feuchtigkeit und Leim zu schützen.

Außerdem wird ein Spannband benötigt, mit dem die Furnierlagen auf die Form gepresst werden.

Das Band besteht aus einer dicken textilarmierten Kunststofffolie, wie sie z. B. bei LKW-Planen verwendet wird, und mehreren Gewindespindeln, mit denen das Band gegen die Form gespannt wird.

Das Formholz herzustellen ist relativ einfach:

- Buchenholzfurniere werden auf Maß geschnitten und mit Klebstoff beschichtet.
- Um einen steifen und formstabilen Verbund zu bekommen wird ein PU-Flächenleim mit einer Zahnspachtel aufgetragen. Der Klebstoff schäumt beim Verpressen leicht auf und expandiert. Er dringt tief in die Holzporen ein, und es kommt zu einer starken Verkrallung. PU-Leime benötigen zur chemischen Reaktion Wasser, das sie dem Furnier entziehen. Durch den Feuchtigkeitsentzug wird ein Aufquellen und Werfen der Furniere, wie es bei PVA-Leimen möglich ist, verhindert.
- Die Form wird mit einer Folie gegen ausquellenden Klebstoff geschützt und in der Hobelbank frei überstehend eingespannt.
- Das beleimte Furnierpaket wird um die Form gebogen und mit einem Klebestreifen an ihr fixiert. Danach wird das Spannband angelegt und der Verbund gepresst. PU-Leim hat eine offene Zeit von ca. 1 Stunde, so kann alles in Ruhe ablaufen.

Der Formkörper, um den das Furnier gebogen wird, besteht aus verleimten MDF-Platten. Die Kontur wird ausgesägt und die Oberfläche geschliffen.

Die Oberfläche der Form wird mit Leinöl abgesperrt.

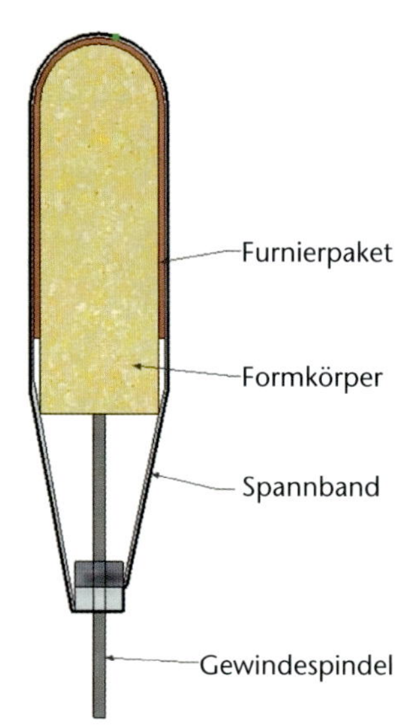

Spanneinrichtung zum Pressen des Furnierpaketes

Spannband mit Gewindespindeln

Der PU-Flächenleim wird mit einer Zahnspachtel aufgetragen.

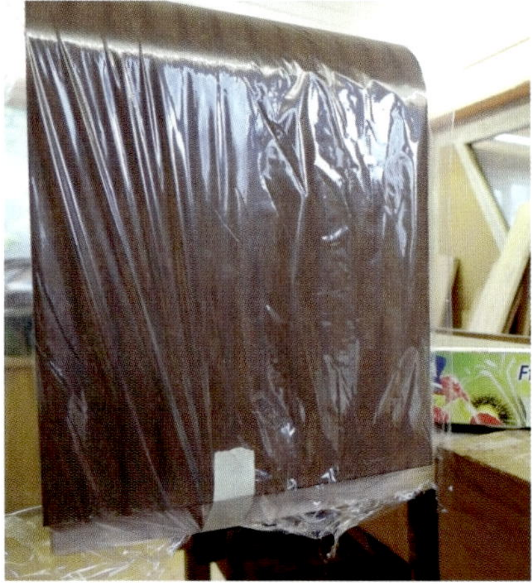

Die Form wird mit einer Folie gegen ausquellenden Leim geschützt.

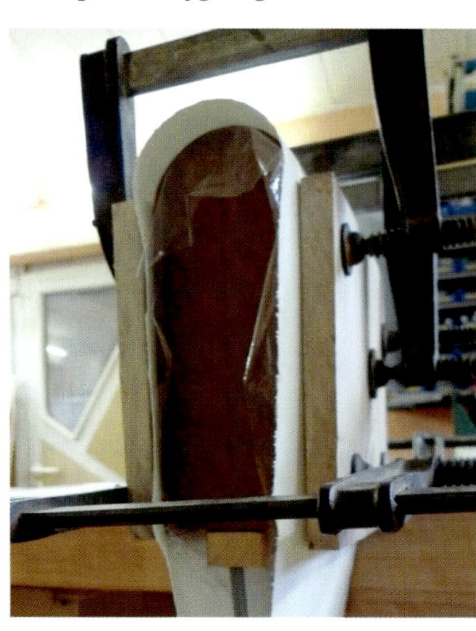

Die seitlichen Flächen werden mit dem Spannband nicht ausreichend gepresst. Mit Zwingen wird der erforderliche Druck zusätzlich aufgebracht.

Nach ca. 5 Stunden Presszeit ist der Klebstoff ausgehärtet, und das Teil wird entformt.

Die Furniere sind zu einem formstabilen Verbund verklebt. Obwohl nur 3 Furnierlagen von je 0,8 mm verwendet wurden, federt das Werkstück kaum auf.

Der Einsatz von PU-Leim hat einen Nachteil. Durch den hohen Expansionsdruck schlägt der Leim bei dünnen Furnieren durch und bildet einen Film, der sich negativ auf die nachfolgende Oberflächenbehandlung auswirkt. Ein Durchschlagen des Leimes kann man verhindern, indem man das Deckfurnier versiegelt. Dazu wird seine Außenseite mit Schnellschleifgrund behandelt. Die Grundierung enthält Cellulosepartikel, diese verschließen die Holzporen, sodass der Leim nicht durch das Furnier dringen kann.

Die Furniere werden mit dem Spannband gegen die Form verpresst, zusätzlich werden die seitlichen Flächen mit Zwingen angepresst.

Eine Alternative ist es, das Formholz in zwei Schritten herzustellen. Zuerst wird ein Kern, z. B. drei Furnierlagen, mit PU-Leim verklebt, und anschließend wird das Deckfurnier mit PVA-Leim aufgeleimt.

Nachdem der Schatullendeckel verleimt ist, müssen die Seiten verschlossen werden.

- Das geformte Furnierpaket wird auf Maß geschnitten und verputzt.
- Aus gestauchtem Holz (Bendywood) werden dünne Streifen geschnitten, gebogen und seitlich in den Formkörper geleimt. Mit dem Streifen wird die Leimkontaktfläche für die Seitenwand vergrößert.
- Die seitlichen Wände werden eingepasst und mit dem Formholz verleimt. Das Spannband wird wieder zum Anpressen verwendet.

Nach ca. 5 Stunden wird das Werkstück entformt.

Das verleimte Formholz wird auf Maß geschnitten und verputzt.

Mit einem gebogenen Streifen „Bendywood" wird die Leimkontaktfläche vergrößert.

Die Seitenwand ist eingepasst.

Formholz und Seitenwand werden mit dem Spannband verpresst und verleimt.

6.9 Schubladenschrank mit gebogenen Seitenwänden

Schubladenschrank mit gebogener Seitenwand

Der abgebildete Schrank besteht aus einem Korpus, dessen Seitenwände gebogen sind. Zwei geformte Schichtholzholme mit einer gebogenen Füllung bilden jeweils eine seitliche Wand.

Deren Herstellung läuft wie folgt ab:

- Im zu biegenden Bereich werden vier 5 mm dicke Lamellen aus Kirschholz gewässert, mit einer Heißluftpistole erwärmt und um die Biegeform gebogen. Durch Wärmeeinwirkung und Feuchtigkeit ist das Holz erweicht und leicht formbar.
- Der Formkörper besteht wiederum aus MDF-Platten.
- Die Lamellen werden einzeln übereinander gebogen, so wie es im Beispiel „Tisch mit gebogenen Beinen“ bereits beschrieben wurde.
- Um exakt gleiche Holmpaare zu erhalten, werden Lamellen mit doppelter Werkstückbreite gebogen und nach dem Verleimen aufgeschnitten.
- Nach dem Aufsägen werden die Holme auf Breite gehobelt und ein Falz für die Füllung eingefräst.
- 5-mm-Sperrholz, das beidseitig mit Kirschholz furniert ist, bildet die geformte Füllung.
  Das Sperrholz wird beidseitig beleimt und mit den Furnieren abgedeckt. Bevor der Leim beginnt abzubinden, wird das Paket um eine Form gebogen und gepresst.

Bei der Auswahl des Sperrholzes ist auf die Maserung zu achten. Es ist relativ gut biegbar, wenn die Fasern seiner Deckschicht 90° zur Biegerichtung verlaufen und es

Die Lamellen werden im Biegebereich gewässert.

Vier Lamellen werden übereinander gebogen und verleimt.

Das gebogene Werkstück wird getrennt, so entstehen zwei gleiche Holme.

Die Holme werden auf Breite gehobelt.

Die Faserrichtung von Furnier und Sperrholz verläuft 90° zu einander.

Die Biegeform wird aus zwei geformten Platten und einer geschlitzten MDF-Platte erstellt.

Der zusammengebaute Formkörper

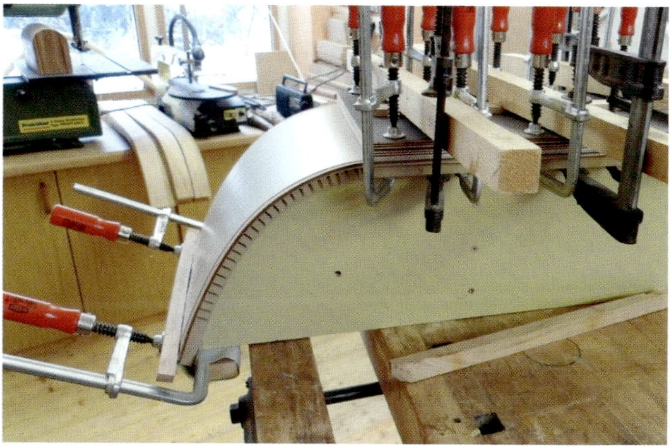

Furnier und Sperrholz werden verpresst, die Fläche außerhalb der Krümmung wird zusätzlich mit einer Platte gepresst.

Mit Gewindespindeln wird das Band gespannt, Führungsleisten verhindern ein Wegkippen.

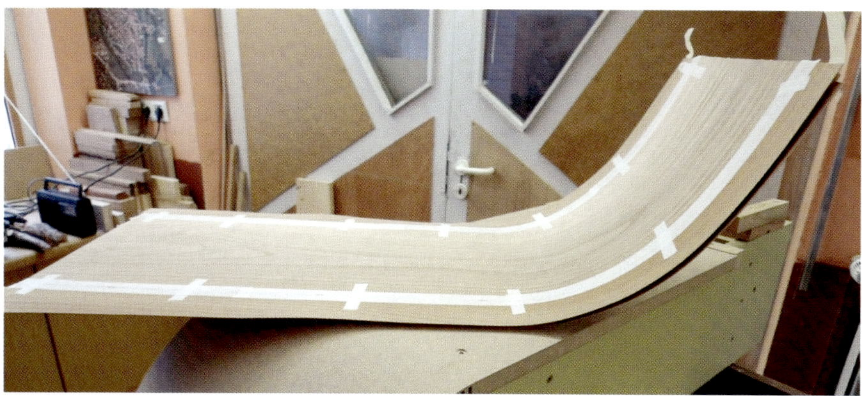

Eine formstabile Füllung ist entstanden.

Füllung und Holme werden verleimt.

Mit einer Lamelle wird der Falz abgedeckt.

Die Seitenteile des Schrankkorpus

Führungsleisten für die Schubladen sind eingeleimt und der Korpus mit einer Platte abgedeckt.

aus wenigen Lagen aufgebaut ist. Das im Beispiel verwendete Sperrholz besteht aus drei Lagen, zwei Deckschichten aus Kiefernfurnier und einem weichen Pappelholzkern.

Der Faserverlauf des Kirschholzfurniers ist ebenfalls zu beachten. Er muss 90° zur Sperrholzdeckschicht verlaufen.

So wird das Furnier nur in Faserrichtung auf Zug beansprucht und kann im verleimten Zustand die Rückstellkräfte des gebogenen Sperrholzes aufnehmen.

Der zum Biegen benötigte Formkörper besteht aus zwei senkrechten Platten, die entsprechend der Form der Holme abgerundet sind und mit einer gebogenen MDF-Platte abgedeckt werden. Wie bereits im Beispiel „Schrank mit gebogener Tür" beschrieben, wird die MDF-Platte durch Schlitzen biegbar.

Beim Zusammenbau der Form ist darauf zu achten, dass die senkrechten Platten gegenüber der Deckplatte etwas zurückstehen. Somit entsteht ein Rand, an dem man Schraubzwingen ansetzen kann. Furnier und Sperrholz werden mit einem Spannband auf die Form gepresst.

Ein zugfestes textilarmiertes Kunststoffband wie im Beispiel „Fertigung einer Schatulle aus Formholz" bereits beschrieben, ist auf Werkstückbreite und -länge zugeschnitten. Ein Ende des Bandes ist an der Form befestigt. Am anderen Ende ist eine Leiste mit zwei Gewindebuchsen und -spindeln angebracht.

Mit den Spindeln wird das Band gespannt und dadurch gegen die Form gedrückt. Die Spindeln stützen sich an der Form ab. Führungsleisten verhindern, dass die Leiste beim Spannen wegkippt. Die außerhalb der Krümmung liegende Werkstückfläche wird zusätzlich mit einer Platte und Schraubzwingen gepresst, bis der Leim ausgehärtet ist. Das verleimte Werkstück ist formstabil, da das Kirschholzfurnier das im elastischen Bereich gebogene Sperrholz in seiner Lage fixiert. Die gebogene Füllung wird auf Breite geschnitten und mit den gefalzten Holmen verleimt. Der Falz wird mit einer gebogenen Lamelle abgedeckt.

6.9.1 Fertigung der Schubladen

Um leichte und biegesteife Schubladenkästen herzustellen, sind ihre Seiten- und Rückwände als Formholz in einem Stück gefertigt.

Jeweils sechs Furnierstreifen werden entsprechend dem Abwicklungsmaß der Schubladenkästen zugeschnitten, beleimt, aufeinander geschichtet und um einen Formkörper gepresst.

Als Formkörper dient ein Rahmen aus MDF-Platten. Seine Größe entspricht dem Innenmaß der Schubladen. Da Furnier nicht scharfkantig biegbar ist, sind die Rahmenkanten, um die die Furnierstreifen gebogen werden, abgerundet.

Mit einem Spannband und Gewindespindeln wird die Presskraft erzeugt. Die geraden Flächen werden zusätzlich mit Zwingen und Zulagen gepresst.

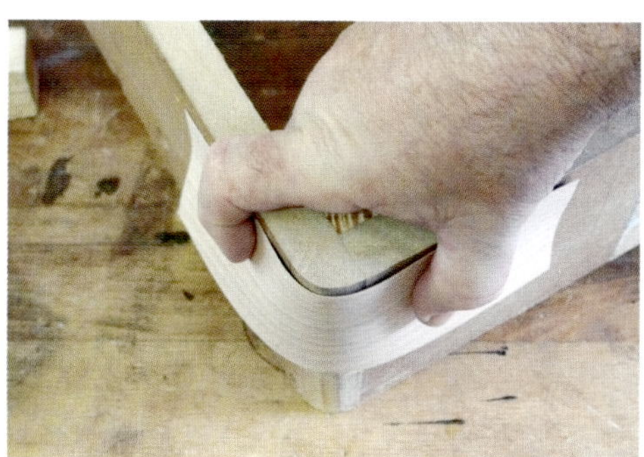

Die Kanten des Formkörpers sind abgerundet. So kann das Furnier um einen kleinen Radius gebogen werden.

Das Furnierpaket wird mit einem Spannband um den Formkörper gezogen, die Flächen zusätzlich mit Zwingen gepresst.

Ein leichter, aber stabiler Formholzrohling ist entstanden.

Boden und Front aus Sperrholz sind mit dem Formteil verleimt.

Nachdem der Leim abgebunden hat, wird das Furnierpaket entformt. Entstanden ist ein dreiseitiges, sehr leichtes, aber stabiles Formholz, das mit einem Boden und einer Stirnseite aus Sperrholz zu einem Schubladenkasten verleimt wird.

Alle Schubladenkästen werden nach der gleichen Methode gefertigt.

An die Schubladenkästen werden furnierte Frontplatten angesetzt. Die Kontur der gesamten Schubladenfront entspricht der Form des Schrankkorpus und hat ein durchgängiges Furnierbild.

Um ein versatzfreies Furnierbild zu gewährleisten, müssen alle Frontplatten aneinander gereiht und in einem Arbeitsgang furniert werden. Deshalb werden sie mit durchgängigen seitlichen Umleimern zusammengehalten und als ein Stück furniert.

Erst nach dem Furnieren werden die seitlichen Umleimer zersägt und das Furnier in der Fuge zwischen den einzelnen Frontplatten getrennt.

Fertige Schublade mit angesetzter Front

Durch die seitlichen Umleimer werden die einzelnen Frontplatten zum Furnieren zusammengehalten.

Die furnierten Frontplattenstücke werden getrennt.

Schubladenfront mit durchgängigem Furnierbild.

6.10 Biegen einer Bohle zu einer Bank

Das Formen einer Bohle zu einem U-förmigen Körper ist ein gutes Beispiel für die Gratwanderung zwischen Biegen und Brechen.

Die beschriebene Methode der Holzformung stammt ursprünglich von den Indianern der Nordwest-Küste Amerikas. Sie fertigten nach dem Verfahren Kisten aus Zedernholz, die mit Schnitzwerk verziert wurden. Nach der Arbeitsweise, einen Sägeschlitz im Biegebereich anzubringen, nannten sie die Kisten Kerf-Bent-Boxes. Das Prinzip ist einfach und gleichzeitig genial.

In Anlehnung an diese Technik wird die Herstellung einer Bank beschrieben.

Der zu biegende Querschnitt einer 38 mm dicken Bohle wird durch eine Nut auf ca. 6 mm reduziert. Die Nut hat ein besonderes Profil, um zwei Aufgaben zu erfüllen:

- Der ausgeschnittene Radius dient als Biegeform
- Die seitliche abgesetzte Nutschulter ist Auflagefläche für die abzuwinkelnde Sitzfläche.

Bank aus Eschenholz aus einem Stück gebogen. (Fotos S. 65–67: Daniel Abgottspon)

Ausgangsmaterial für die Bankfertigung ist eine Eschenholzbohle. Ihre Länge entspricht der Abwicklung von Beinen und Sitzfläche der Bank. Entsprechend der Beinlänge werden die beiden Nutprofile jeweils 45 cm vom Ende der Bohle angerissen. Die Profile bestehen aus einem rechteckigen und einem gerundeten Bereich. Der rechteckige Teil des Profils wird eingesägt und mit einem Grundhobel ausgearbeitet.

Der gerundete Bereich muss mit einem Messer ausgeschnitten werden. Das geschieht, indem das Profil mit mehreren Sägeschnitten grob erzeugt und mit einem gebogenen Messer nachgearbeitet wird. Eine etwas mühsame Arbeit.

Nachdem beide Nuten eingebracht sind, kann das Holz gebogen werden. Dazu wird die Bohle zuvor in einer Kammer gedämpft. Die Bohle wird danach im Sitzflächenbereich auf der Hobelbank befestigt und die beiden Schenkel gleichzeitig um 90° gebogen.

(Die Indianer wässerten das Holz gründlich und nutzten offenes Feuer, um es zu erweichen.)

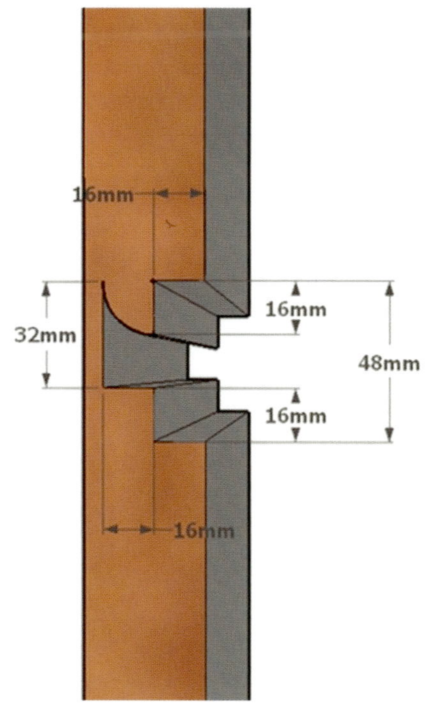

Nutprofil des zu biegenden Holzes

Mit einem Querriegel werden die gebogenen Schenkel fixiert.

Beim Biegen zeigt sich die Problematik dieser Methode. Auf Grund des kleinen Biegeradius entstehen am Außenradius des Holzes erhebliche Zugspannungen. Sie übersteigen die Festigkeit der Holzfasern, es kommt zu Rissen an der Oberfläche, und das Holz platzt auf.

Kleine Risse kann man durch Überschleifen des Radienbereiches beseitigen. Größere Ausbrüche führen zu Ausschuss. Die sicherste Methode, Risse zu vermeiden, ist die Verwendung eines Biegebandes. (Da die Indianer kein Biegeband kannten, mussten sie sicher auch mit einer hohen Ausschussquote leben.)

Führt man die Biegung mit einem Biegeband durch, so wie es bereits beschrieben wurde, erhält man ein Werkstück mit rissfreier Oberfläche.

Der rechteckige Teil des Profils wird mit einem Grundhobel ausgearbeitet.

Der gerundete Bereich wird eingesägt.

Mit einem gebogenen Messer wird die Nutform erzeugt.

Das fertige Nutprofil

An dem gebogenen Schenkel kann man gut erkennen, wie sich die Sitzfläche abstützt.

Die Schenkel der Bank werden gebogen und mit einem Querriegel fixiert.

Erfolgt das Biegen ohne Biegeband, sind Risse vorprogrammiert.

Das Biegen mit einem Biegeband garantiert eine rissfreie Oberfläche.

6.11 Formen von geschlossenen Reifen

Reifen aus dünnem Holz, bis ca. 3 mm Stärke, kann man in heißem Wasser erweichen und problemlos von Hand biegen. Die Arbeitsweise wird bei der Herstellung von Shakerdosen angewendet und ist in einem separaten Kapitel beschrieben.

Zum Formen von dicken Hölzern ist ein Biegeband erforderlich.

In dem angeführten Beispiel wird ein gedämpfter Holzstreifen von 8 mm Dicke und 80 mm Breite zu einem elliptischen Reifen geformt. Damit im Innenbereich des Reifens keine Kante entsteht, wurde der Holzstreifen zuvor an einem Ende verjüngt.

Ein elliptischer Formkörper wird, in bereits beschriebener Art, aus MDF-Platten gefertigt. Um ihn in der Hobelbank einspannen zu können, ist stirnseitig ein Kantholz angeleimt. An der anderen Stirnseite befinden sich Bohrungen, in denen man Schraubzwingen ansetzen kann.

Seitlich an der Form ist ein Sägeschlitz angebracht, in dem ein Ende des Biegebandes befestigt wird. Das Biegeband besteht aus einem dünnen Kupferblech, das ca. 20 mm breiter ist als das Werkstück. Ein Ende des Bandes ist abgewinkelt und in dem Formschlitz befestigt. Am anderen Ende befindet sich eine Spanneinrich-

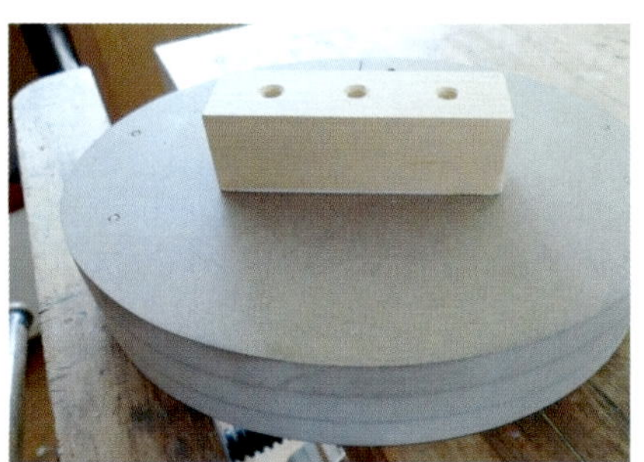
An dem elliptischen Formkörper ist ein Kantholz befestigt, mit dem wird die Form in der Hobelbank eingespannt.

Ein Sägeschlitz dient zur Aufnahme des Biegebandes.

Das am Ende abgewinkelte Biegeband wird in den Schlitz geklemmt.

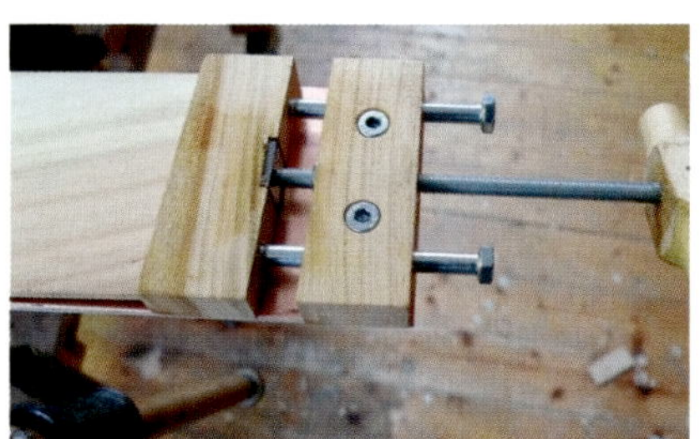
Am anderen Ende des Biegebandes befindet sich eine Spanneinrichtung.

Das Werkstückende ist abgeflacht, um eine Stoßkante im Ring zu vermeiden.

Das abgeflachte Ende des Werkstückes wird unter das Biegeband geschoben, und mit der Gewindespindel wird das Werkstück so eingespannt, dass es sich nicht dehnen kann.

tung, wie sie bereits früher beschrieben wurde. Mit der Spindel wird das gedämpfte Werkstück zwischen dem abgewinkelten Ende des Bandes und der Spanneinrichtung so fest eingespannt, dass es sich nicht mehr dehnen kann.

Beim Einspannen des Werkstückes entstehen in Längsrichtung erhebliche Kräfte. Um ein Stauchen des verjüngten Holzes zu vermeiden, wird das Ende zusätzlich mit einer Zwinge gegen die Biegeform gepresst. Der Holzstreifen wird mit dem Biegeband um die Form gezogen.

Um den Reifen schließen zu können, muss die Zwinge entfernt werden. Damit das abgeflachte Holz sich nicht staucht, wird zuvor eine zweite Zwinge außerhalb des Überlappungsbereichs gesetzt.

Nachdem der Reifen geschlossen ist, werden Holz und Biegeband mit weiteren Zwingen gegen den Formkörper gepresst. So wird ein Auffedern verhindert.

Im eingespannten Zustand erkaltet das Werkstück und beginnt zu trocknen.

Nachdem das Holz abgekühlt ist und große Teile der aufgenommenen Feuchtigkeit abgegeben hat, wird es entformt. Der Ring federt um den Anteil der elastischen Biegung auf. Zum Verleimen der überlappenden Enden wird das Holz wieder um die Form gebogen und mit Spannbändern gesperrt. Der beleimte Bereich wird zusätzlich mit einer Schraubzwinge gepresst. Eine leicht konische Form hilft, das Werkstück anschließend von dem Formkörper zu schieben.

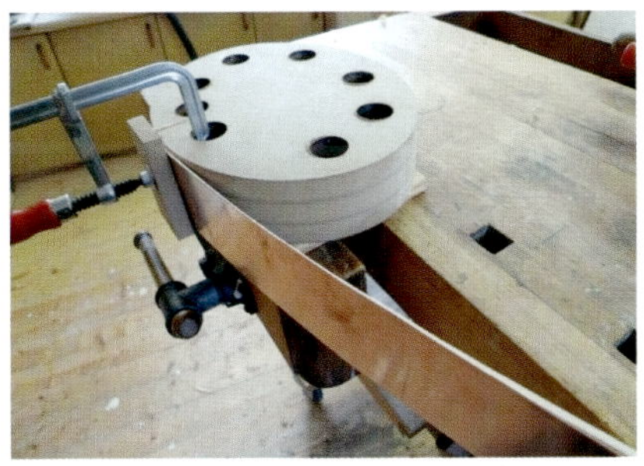

Eine Zwinge verhindert, dass sich das abgeflachte Holz staucht.

Das gedämpfte Holz wird mit dem Biegeband um die Form gezogen.

Mit zusätzlichen Schraubzwingen wird das Werkstück solange fixiert, bis das Holz abgekühlt ist.

Das geformte Holz federt um den Anteil der elastischen Biegung nach dem Entformen wieder auf.

Die überlappenden Enden des Werkstückes werden verleimt.

7. Die häufigsten Fehler beim Holzformen

Nicht immer läuft das Formen von Holz problemlos ab. Die am häufigsten vorkommenden Fehler und ihre Ursachen werden in diesem Kapitel beschrieben. Für die meisten Fehlerursachen findet der Leser eine ausführliche Erklärung im Anhang dieses Buches.

7.1 Fehler durch falsche Holzauswahl

- Kurzfaserige und spröde Hölzer eignen sich nicht zum Biegen. Bereits bei geringer Verformung reißen die Holzfasern, und der Bruch setzt ein.
- Fehler im Holz, wie z. B. Äste, Risse oder Einwachsungen, führen sehr oft zu einem Bruch des Holzes.
- Nadelhölzer kann man, bis auf wenige Ausnahmen, nicht plastisch verformen. Die dünnwandigen Frühholzzellen der Nadelhölzer knicken bei Biegebelastung, und der Zellverbund bricht über die gesamte Werkstoffbreite ein.

Bei geringster Belastung reißen die Holzfasern spröder Hölzer.

Fehler im Holz sind eine häufige Bruchursache.

Nadelhölzer knicken beim Versuch der plastischen Formung ein.

7.2 Fehler beim Biegen mit dem Biegeband

- Werden Laubhölzer mit einem geringen Spätholzanteil durch Dampf erweicht und mit dem Biegeband gebogen, halten die überwiegend vorhandenen schwachen Frühholzzellen der Druckbelastung nicht stand. Die Struktur des Holzes bricht ein (Bild A).
- Wird Holz nicht fest mit dem Biegeband eingespannt, kann es sich beim Biegen dehnen. Es können Zugspannungen entstehen, die die Zugfestigkeit der Holzfasern überschreiten. Ein Aufbrechen der Fasern an der Holzoberfläche ist die Folge (Bild B).
- Nicht ausreichend erwärmtes bzw. schon wieder abgekühltes Holz kann nicht plastisch verformt werden.
- Wird zu nasses Holz gedämpft und gebogen, entsteht ein hydraulischer Druck, der den Zellverband sprengt (Bild C).

A

B

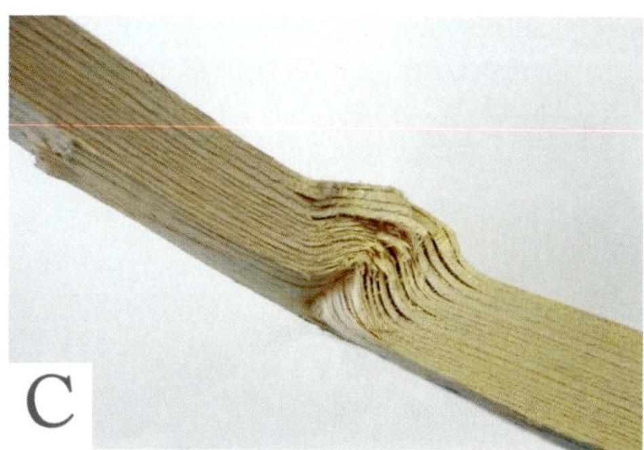
C

7.3 Fehler bei der Formholzherstellung

- Nichtbeachtung der Reihenfolge, in der man Furniere presst: Sollen Furnierlagen mit Schraubzwingen zu einem Formteil gepresst werden, ist die Reihenfolge, in der man die Zwingen ansetzt, zu beachten. Zuerst presst man das Zentrum des kleinsten Radius und setzt danach weitere Zwingen außerhalb des Radienbereiches. Geht man umgekehrt vor und presst zuerst außen, verhindern die äußeren Zwingen ein Anlegen des Furnierpaketes im Zentrum (Bild A).

A

- Die „offene Zeit" des verwendeten Leimes ist zu kurz: Das Pressen komplizierter Teile benötigt meistens viel Zeit. Es besteht die Gefahr, dass der Leim bereits abbindet, bevor der Pressdruck aufgebaut ist. In diesem Fall verkleben die einzelnen Furniere nicht mehr (Bild B). Leime mit einer längeren offenen Zeit, z. B. Bindan 30, schaffen Abhilfe.

B

7.4. Erwärmungsfehler

- Zu lange gedämpftes bzw. „gekochtes" Holz: Eine farbliche Veränderung des Materials ist die Folge. Der rechte Teil des Werkstückes ist durch zu langes „Kochen" vergraut (Bild A).
- Ungleichmäßige Erwärmung des Holzes: Wird Holz mit dem Biegeeisen oder mit der Heißluftpistole ungleichmäßig erwärmt, treten beim Biegen Formabweichungen vom Formkörper auf (Bild B).
- Örtliche Überhitzung, wie sie beim Erwärmen mit dem Biegeeisen oder mit Heißluft auftreten kann, führt zu Brandspuren (Bild C).

A

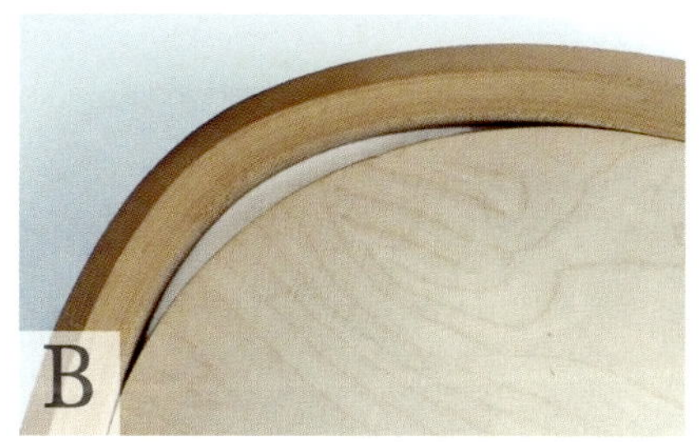
B

C

7.5 Fehler beim Verdrehen von Holz

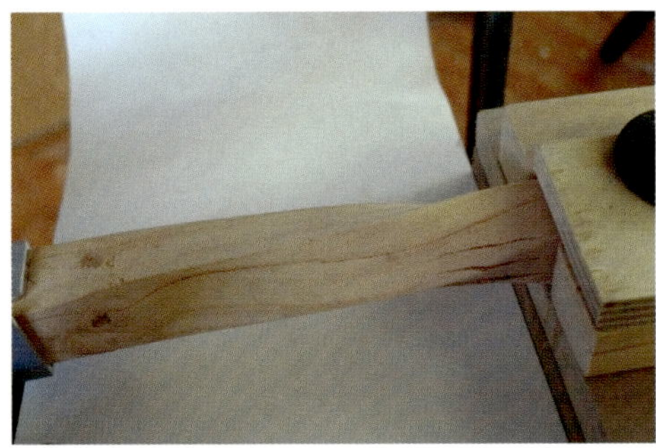

Wird bereits konisch gehobeltes Holz mit Dampf erweicht und verdreht, kann es zur Rissbildung kommen.

Zwei Fehlerursachen liegen vor:

- Beim Verdrehen konisch zulaufender Hölzer treten ungleiche Spannungsverteilungen über der Werkstücklänge auf. Der kleinste Querschnitt beginnt sich zuerst zu verdrehen. In ihm entstehen die höchsten Torsionsspannungen. Die Festigkeitsgrenze der Holzfasern wird in diesem Bereich bereits überschritten, bevor der große Querschnitt sich verdreht. Es entstehen Risse in Längsrichtung.
- Bei dem verwendeten Holz ist der Faserverlauf sehr „unruhig“. Die Fasern verlaufen nicht immer parallel zur Holzkante und werden beim Hobeln durchschnitten. Bei der aufgebrachten Torsionsbelastung entstehen zusätzlich Scherkräfte, die einen Riss entlang der angeschnittenen Fasern hervorrufen.

Will man Holz verdrehen, ist die Holzauswahl besonders wichtig:

- Nur Hölzer mit gleichem Querschnitt kann man verdrehen.
- Nur Hölzer mit stehenden Jahren sind geeignet. Die Jahresringe müssen parallel zur Holzkante verlaufen. Selbst bei dieser Holzauswahl können beim Verdrehen Risse an der Oberfläche auftreten. Da sie nur eine geringe Tiefe haben, sind sie nicht störend und können durch Schleifen beseitigt werden.

7.6 Fehler bei der Verwendung des Biegeeisens

Ein zu langer Kontakt mit dem Biegeeisen führt zum Verbrennen. Wird das Holz jedoch nicht ausreichend erwärmt, ist es nicht plastifiziert und bricht beim Biegen.

Beim Biegen von starken Krümmungen entstehen sehr hohe Zugspannungen an der konvexen Holzoberfläche. Die Enden der Holzfasern können ausbrechen. Das wird durch auflegen eines dünnen Bleches oder Pressen mit einem Holzklötzchen während des Biegens vermieden.

Ein schräg auf das Biegeeisen aufgelegter Holzstreifen führt beim Biegen zu einem spiralförmigen Verlauf.

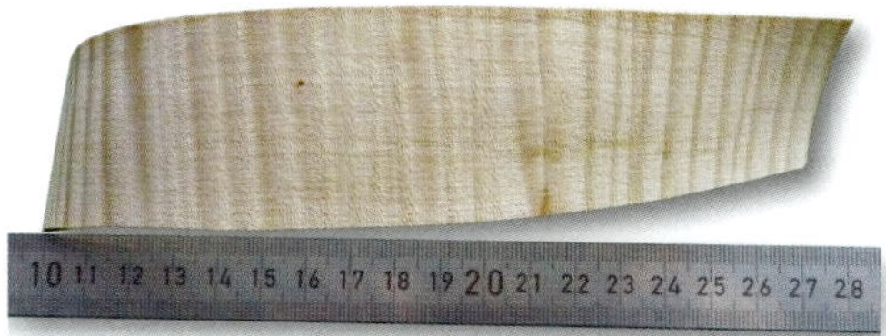

8. Schmuckfertigung aus gestauchtem Holz

In Charlottenlund, nördlich von Kopenhagen, hat Mette Jensen ihre Werkstatt. Hier entwirft und fertigt sie Schmuck. Ihre 3-dimensionalen Objekte formt sie aus Holz und kombiniert sie mit Elementen aus Silber. Dabei entstehen Kleinode von eleganter und zarter Form. Die Inspiration dafür bekommt sie aus dem Material selbst.

Ausgangsmaterial ihrer Arbeit ist gestauchtes Holz (Bendywood), das sie vorgefertigt als Kantholz bezieht. Meistens verwendet sie Buchenholz, das zu dünnen Leisten geschnitten, gehobelt und in manchen Fällen gebeizt wird. Die dünnen Hölzer lassen sich problemlos formen. Die Holzenden verbindet sie meistens mit einem Silberstück, somit bleibt die Form dauerhaft erhalten. Die Bildfolge zeigt einige ihrer Werke.

Ohranhänger

Ohrstecker aus Buchenholz

Fingerring

Fingerring

Formbarer Fingerring

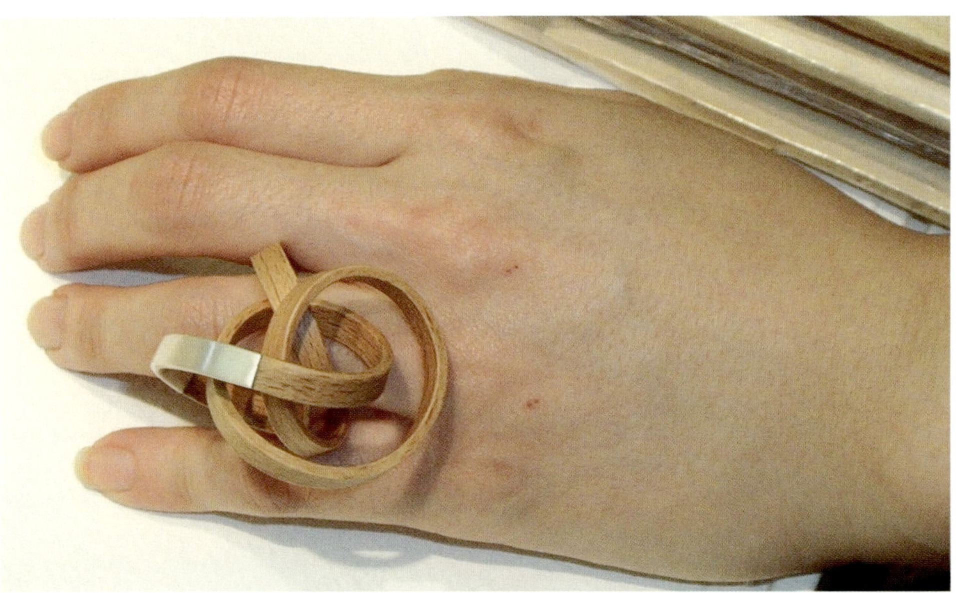

Brosche aus gebeiztem Buchenholz

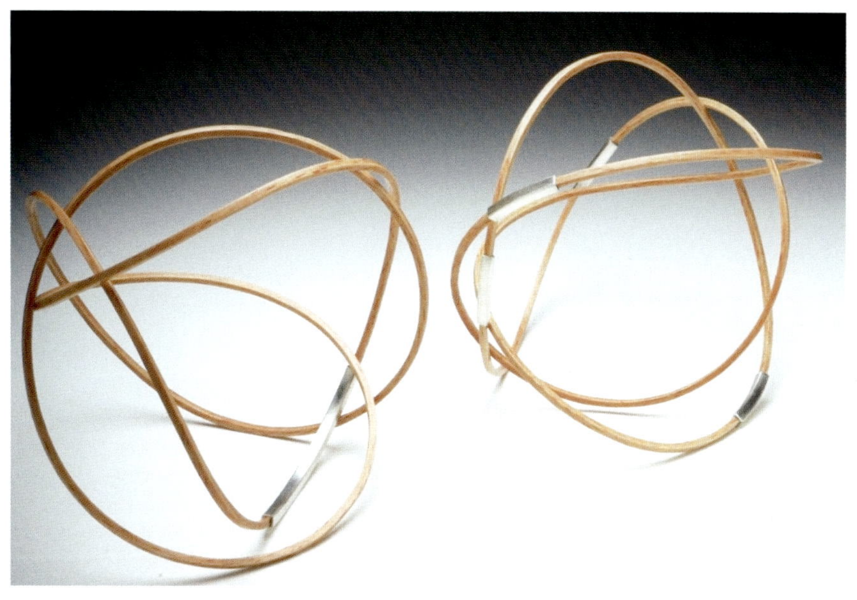

Armreif formbar

9. Grünholz biegen

In dem kleinen Dorf Nieperfitz, mitten in der waldreichen Göhrde, hat Michail Schütte seine Werkstatt zur Grünholzgestaltung eingerichtet. Der gelernte Zimmermann hat während seiner Wanderschaft durch England den Bau von Möbeln aus Grünholz erlernt. Heute gibt er sein Wissen in Kursen weiter. Bei ihm kann man z. B. Grünholzstühle fertigen.

Zum Bau der Stühle verwendet Michail Schütte oft gebogene Hölzer. Hauptsächlich verarbeitet er Eschenholz, das er gerne mit dem Holz von Ulme, Eibe oder dem Goldregen kombiniert.

Er schätzt besonders die ausgezeichneten Festigkeitseigenschaften von Eschenholz. Die hohe Elastizität und Zähigkeit wird von kaum einer anderen heimischen Holzart erreicht. Die mechanischen Eigenschaften der Esche fallen umso günstiger aus, je breiter die Jahresringe sind. Wie bei allen ringporigen Hölzern, so auch bei der Esche, ist der Spätholzanteil bei Bäumen mit breiten Jahresringen prozentual größer als bei Bäumen mit schmalen Jahresringen. Durch das dichte Spätholz erhöhen sich Rohdichte und Festigkeit. Auf feuchten Auwaldböden oder an Bachufern gewachsenes Holz hat besonders breite Jahresringe. Diese Stämme werden bevorzugt verarbeitet.

Aus Grünholz gefertigter Stuhl. Armlehne aus gebogener Eibe, Sitzfläche aus Ulme, Beine und Sprossen aus Esche.

Gespaltenes Eschenholz eignet sich besonders zum Biegen von Grünholzstühlen.

Das im Winter geschlagene Holz ist relativ trocken. Es wird ohne lange Lagerung durch Spalten und anschließendes Bearbeiten mit Axt und Ziehmesser auf die gewünschte Abmessung gebracht.

Um das Holz dauerhaft zu formen, wird es gedämpft und anschließend gebogen.

Teile mit geringer Biegung werden ohne Stahlband um einen Formkörper gebogen und auf diesem fixiert, bis sie erkaltet sind.

Dämpfkiste mit zugehöriger Dampferzeugung. In einem Kessel wird Wasser gekocht und der Dampf über ein Rohr in die Dämpfkiste geleitet.

Die Stuhlbeine aus Eschenholz wurden gedämpft, auf der Form ohne Biegeband gebogen und mit Zwingen fixiert.

S-förmig gebogene Stuhlteile. Besonders schön kommt der Farbunterschied von Splint- und Kernholz des Goldregens zur Geltung.

Das Formen der Stuhllehne ist ein Kraftakt. Das im Stahlband eingespannte Holz wird um eine Holzform gebogen.

Es ist geschafft. Das gebogene Holz wird fixiert.

Biegeform aus Holz. In der Mitte wird das Werkstück mit Keilen gegen die Form gepresst.

Armlehnen und andere Teile mit großer Krümmung werden mit Hilfe eines Stahlbandes gebogen. Eine einfach gebaute Form aus Holz dient als Biegekörper. Ist die Pressung des Stahlbandes nicht ausreichend, entstehen zu große Zugspannungen im Holz. Die Folge ist im Bild links zu sehen.

Das Werkstück war nicht ausreichend fest mit dem Stahlband eingespannt, die Folge sind Risse an der Oberfläche.

Das gebogene Holz wird durch eine Leiste zusammengehalten, bis es völlig erkaltet ist und einen Teil der aufgenommenen Feuchtigkeit wieder abgegeben hat.

Zwei Beispiele von Stuhlrohlingen mit gebogenen Elementen

Die gebogenen Teile bleiben eingespannt, bis sie erkaltet sind und einen Teil der beim Dämpfen aufgenommenen Feuchtigkeit wieder abgegeben haben. Danach werden die Stuhlteile auf Maß geschnitten und verarbeitet. Die Stuhlrohlinge werden solange gelagert, bis das Holz vollkommen getrocknet ist. Danach wird das Werkstück mit der Ziehklinge geglättet und mit Öl eingelassen.

Neben Stühlen und anderen Sitzmöbeln fertigt Michail Schütte auch Skulpturen aus Grünholz.

Als ein Biegewerkzeug der besonderen Art nutzt er das Fachwerk seiner Werkstatt. Die Fachwerkbalken hat er mit Bohrungen versehen, um Biegeformen und Widerlager anbringen zu können. Mit dieser robusten Einrichtung kann er Biegungen mit kleinen Radien, die große Kräfte erfordern, durchführen.

So biegt er beispielsweise ca. 25 mm dickes Eschenholz mit einem Radius von 50 mm für seine Dechselstiele.

Einen stabilen „Biegetisch" bildet die Fachwerkwand der Werkstatt.

Stiel eines Dechsels, gebogen aus 25-mm-Eschenholz. Gut erkennbar ist der Faserverlauf.

10. Die Herstellung von Spazierstöcken und Stockschirmgriffen

Seit 1868 produziert die Familie Gastrock im Werratal Spazier- und Wanderstöcke. Wurden die Produkte ursprünglich nur regional vertrieben, in einer Zeit, als der Spazierstock noch ein „Kleidungsstück" war, so finden die Stöcke heute weltweit Abnehmer.

Ein Großteil der Stöcke wird traditionell aus dem Stockausschlag der Edelkastanie (Marone) gefertigt. Das Holz ist gut biegbar und ohne Fehler in ausreichender Menge verfügbar. Der größte Teil der Rohlinge für die rund 250.000 produzierten Stöcke im Jahr wird aus England und Spanien importiert. Dort wird das Holz in speziellen Plantagen gezogen. Aber auch andere Hölzer, wie Eiche, Esche, Schwarzdorn oder Hasel werden zu Stöcken gebogen.

Vor der Verarbeitung wird das Holz ¼ Jahr luftgetrocknet. Danach kann es bearbeitet werden. Die Rohlinge werden in einer Dampfkammer erwärmt, bevor die Griffe mit einer speziellen Biegevorrichtung geformt werden. Der Stock wird in dem Bereich, wo die Biegung beginnen soll, fest eingespannt und das freie Ende um einen Zylinder gebogen. Ein Stahlband mit einem Anschlag sorgt dafür, dass das Holz sich nicht längen kann und an der Oberfläche keine Zugspannungen und damit Risse entstehen können. Nach dem Biegen wird das Werkstück mit einem Bindfaden fixiert und der Vorrichtung entnommen.

Vorrichtung zum Formen von Stockgriffen mit naturbelassener Oberfläche. Das Stahlband verhindert ein Längen des Holzes während der Biegung. Mit dem Bindfaden wird das gebogene Werkstück fixiert.

Anschließend wird der Stock gerichtet und 4 Tage in einer Trockenkammer gelagert. Nach dem Trocknen wird der Bindfaden entfernt, und der Stock behält dauerhaft seine gebogene Form.

Neben den Stöcken mit naturbelassener Oberfläche werden bei Gastrock auch Stöcke mit glatter, polierter Oberfläche sowie Griffe für Stockschirme gefertigt. Bevorzugt wird dabei Ahornholz eingesetzt, aber auch andere edle Hölzer werden verwendet.

Größtes Augenmerk wird auf eine fehlerfreie Holzoberfläche gelegt. Um sicherzustellen, dass auch nicht der kleinste Riss entsteht, den man am polierten Stück sehen würde, wird neben der sorgfältigen Auswahl von fehlerfreiem Holz auch ein spezielles Biegeverfahren angewandt.

Am Beispiel der Herstellung eines Schirmgriffes soll dies beschrieben werden:

Ein über 2 Jahre luftgetrocknetes Ahorn-Kantholz von 30 mm x 55 mm Querschnitt wird so aufgeschnitten, dass die Holzfasern sauber in Längsrichtung verlaufen und auf 420 mm abgelängt. Nach dem Dämpfen wird der Rohling in eine warme Stahlform eingespannt, die auf einer Biegemaschine aufgesetzt ist. Die Form besteht aus einem beheizten Rohr und einem flexiblen Stahlband mit Anschlägen. Einer der Anschläge ist in Längsrichtung verschiebbar. Das Rohr, das als Biegeform dient, wird indirekt durch einen geheizten Zylinder, der Teil der Biegemaschine ist, erwärmt.

Das Biegen erfolgt in zwei Schritten:

- Mittels eines Hydraulikzylinders wird der Anschlag mit hoher Kraft gegen das Holz gepresst. Dabei wird das Kantholz in Längsrichtung gestaucht. Im Holz entstehen Druckspannungen, die verhindern, dass sich

Trockenhalle für die Stockrohlinge

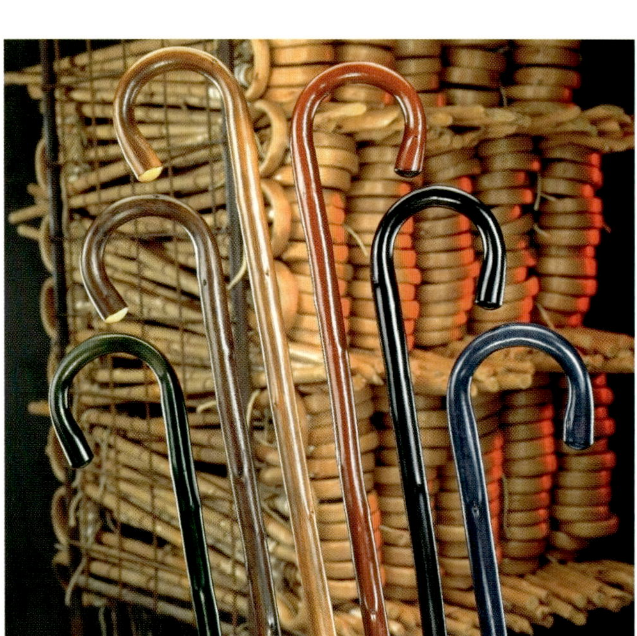

Fertige Stöcke mit naturbelassener Oberfläche. Naturbelassen bedeutet, die Oberfläche wird nicht geschliffen und poliert.

Die einzelnen Fertigungsstufen vom geraden Kantholz zum fertig polierten Schirmgriff

beim anschließenden Biegen Zugspannungen im Holz aufbauen. In diesem Zustand wird der Anschlag geklemmt.

- Danach wird mit einem zweiten Zylinder die eigentliche Biegung durchgeführt. Das Holz wird um das beheizte 75-mm-Rohr gebogen. Das eingespannte Werkstück kann sich beim Biegen nicht längen. Zugspannungen, die u. U. noch entstehen, werden durch die Druckspannungen, die zuvor beim Stauchen aufgebaut wurden, kompensiert. So wird sichergestellt, dass die Oberfläche frei von Rissen bleibt. Nach dem Biegen wird die Form mit einem Haken verriegelt.

In diesem eingespannten Zustand wird das Werkstück mit der Form aus der Biegemaschine genommen und in ein Magazin zum Abkühlen gelegt. Ist das Werkstück erkaltet, wird es entformt.

Das geformte Kantholz wird in Längsrichtung aufgeschnitten. Es entstehen zwei Griffrohlinge, die mechanisch weiterbearbeitet werden. Nach Fräsen und Schleifen wird das Holz poliert, und fertig ist ein schön geformter Griff.

Formwerkzeug zur Herstellung polierter Schirmgriffe. Das gebogene Werkstück bleibt in der verriegelten Form eingespannt, bis es völlig erkaltet ist.

Stöcke mit polierter Oberfläche

Die eingespannten Rohlinge kühlen in einem Magazin ab.

11. Holzbiegen bei der Fassherstellung

Seit alter Zeit genießen Küfer großes Ansehen. Mit ihren Produkten ermöglichen sie die Lagerung und Konservierung von Flüssigkeiten. Insbesondere in den Wein- und Obstanbaugebieten war das Küferhandwerk gefragt, aber auch Bierbrauer schätzten ihre Produkte. Mit dem Aufkommen des Edelstahltanks verloren die Holzfässer an Bedeutung. Erst nachdem es in Mode kam, Wein, aus geschmacklichen Gründen, wieder in Holzfässern (frz. Barrique) auszubauen, stieg die Nachfrage an. Von dieser Entwicklung profitiert auch die Fa. Thurnheer aus dem Weindorf Berneck in der Schweiz. Seit 1854 werden hier, nun in der fünften Generation, Fässer für Weinkeller gebaut. Seit 12 Jahren werden vorzugsweise Barriquefässer mit 225 Liter Inhalt hergestellt.

An der grundlegenden Technik hat sich über die Jahre wenig geändert. Sicher sind viele Arbeitsschritte der Holzbearbeitung mechanisiert worden, aber das eigentliche Biegen mit Feuer und Wasser ist geblieben. Für den Weinfassbau wird überwiegend Eichenholz verwendet, aber auch Akazie, Lärche, Kirsche und Kastanie kommen zum Einsatz. Um dem hohen Qualitätsanspruch gerecht zu werden, wird bei Thurnheer nur gespaltenes Holz verwendet. Das hat bei der Herstellung der Fassdauben zwei Vorteile:

- Es lässt sich besser biegen, da die Fasern nicht durchtrennt werden, Dreh- oder Krummwuchs werden schon beim Spalten erkannt.
- Es neigt weniger zum „Durchschlagen“, Flüssigkeit dringt nicht durch die Poren.

Ein Fass (noch) ohne Boden

Luftgetrocknetes Holz ist bestens geeignet.

Wichtig für die Qualität ist auch die Trocknung. Das gespaltene Holz wird gestapelt und 3 Jahre luftgetrocknet, bevor es verarbeitet wird.

Die Holzart, seine Aufbereitung und Trocknung haben einen wesentlichen Einfluss auf das spätere Aroma des Weines. Es wird vermutet, dass durch Enzyme von Pilzen oder Mikroorganismen chemische Veränderungen im Holz stattfinden. Dabei soll sich dieser Prozess bei gespaltenem und luftgetrocknetem Holz vorteilhafter entwickeln als bei gesägtem und künstlich getrocknetem Daubenholz.

Die gefertigten Fässer habe entweder eine runde oder ovale Körperform.

Entsprechend unterscheiden sich die Mantelfläche des Fasses und die Geometrie der Dauben. Wurden diese früher mit speziellen Werkzeugen, wie Rundhobel, Fügeblock oder Fügebaum von Hand hergestellt, werden heute Maschinen eingesetzt. In einer Art Kopierfräsverfahren werden die einzelnen Dauben nach Schablonen gefertigt. Damit die Dauben besser biegbar sind, wird im Bereich des Fassbauches eine Querschnittsreduzierung vorgenommen. Dazu wird die Daubenlänge in vier gleiche Abschnitte aufgeteilt. Die äußeren beiden Abschnitte behalten ihre Wandstärke, bei den inneren dagegen wird ca. ein Drittel der Wand von innen abgefräst.

Um die gewünschte Gebindeform zu erreichen, werden die einzelnen Dauben auf einer Seite zur Fassform aneinandergefügt und mit konischen Stahlreifen, die dem Umfang angepasst sind, gehalten. Die so „aufgesetzten" Fässer sind nun bereit zum Biegen der Dauben. Um ein Brechen der Dauben beim Biegen zu verhindern, werden sie durch Dampf oder mit heißem Wasser geschmeidig gemacht.

Mit dem Fasszug werden die Dauben gebogen.

Kleine Fässer werden in ein heißes Wasserbad getaucht, bis das Holz biegbar ist. Bei größeren Fässern benötigt man Feuer und Wasser. Diese Technik ist jahrhundertealt. Stundenlang brennt ein offenes Feuer in einem Stahlkorb, der in den bodenlosen Fasskorpus gestellt wird. Dabei wird das Holz kontrolliert mit Wasser besprüht. Es entsteht Dampf, der in das Holz eindringt und es erwärmt. Gleichzeitig schützt das Wasser die Holzwand vor dem Verbrennen. Nach genügender Dampfeinwirkung werden die Dauben mit dem Fasszug am offenen Ende langsam zusammengezogen und dabei gebogen. Die Arbeit erfordert viel Erfahrung und Gefühl, um eine gleichmäßige Krümmung zu erreichen. Sind die Dauben zusammengezogen werden sie auch auf dieser Seite bereift.

Während weiter gedämpft und gebogen wird, wird der Reifen mit Hammerschlägen über den Korpus getrieben, bis der Spalt zwischen den Dauben vollständig geschlossen ist

Der Fasskorpus muss einige Tage abkühlen, bevor er weiterbearbeitet werden kann. Nach dem Einpassen des Bodens wird das Fass durch zusätzliche Stahlreifen am Fassende abgebunden.

12. Holzbiegen beim Bootsbau

Ein Besuch beim Bootsbauer Franz Panter in Achern am Rande des Schwarzwaldes lohnt sich. Er baut Kanus in verschiedenen Formen und Größen. Den traditionellen Bootsbau erlernte Panter während mehrerer Aufenthalte in Kanada. Für ihn stellte sich das Problem, die klassischen Bauhölzer, Western Red Cedar und Eastern White Cedar, in der erforderlichen Qualität aus Kanada zu bekommen. Anfangs hat er das Zedernholz in Ontario selbst zusammengesucht und nach Deutschland verschifft – ein sehr aufwendiges Unternehmen. So begann der ideenreiche Tüftler, mit heimischen Hölzern zu experimentieren.

Red und White Cedar lassen sich im Gegensatz zu den meisten anderen Nadelhölzern relativ problemlos biegen. Der Grund dafür ist u. a. der weiche Übergang vom Früh- zum Spätholz. Eine ähnliche Struktur haben die in den Höhenlagen des Schwarzwaldes wachsenden Weißtannen. Man kann ihr Holz mit Dampf erweichen und es biegen, ohne dass die Zellwände einbrechen (siehe im Anhang das Kapitel „Holz – der formbare Werkstoff"). Vor dem Dämpfen wird das Holz gewässert, danach kommt es in eine Dampfkiste, und dann muss alles sehr schnell gehen, denn das Zeitfenster, in dem die Weißtanne formbar ist, ist extrem klein.

Gebogene Spanten aus Weißtanne

Leistenkajak ohne Bespannung

Das Leistengerüst fertig zur Bespannung

Drei verschiedene Konstruktionen werden beim Bau der Boote angewendet:

1. Leistenkajak mit Bespannung

Bei diesem Bautyp werden nur die Spanten mittels Dampf gebogen. Dazu werden Leisten aus feinjährigem Holz mit stehenden Jahren zugeschnitten, gehobelt und die Kanten gefast. Anschließend werden sie in einem Dampfkasten erwärmt und dann über Formschablonen von Hand gebogen.

Die Formschablonen sind aus Brettern zu unterschiedlichen Größen so ausgesägt, wie der Bootsaufriss es erfordert.

Die in Längsrichtung verlaufenden Hölzer des Leistengerüstes werden kalt gebogen und mit den Spanten verbunden. Der Rand der Einstiegsluke wird aus zwei dünnen Weißtannenleisten schichtverleimt.

Die Bespannung des Leistengerüstes besteht aus einem hochwertigen Baumwollsegeltuch, das mit einem Porenfüller behandelt und anschließend lackiert wird.

Ein Satz Formschablonen, aus einfachen Brettern gefertigt

Die Einstiegsluke des Bootes wird aus zwei dünnen Leisten schichtverleimt. Dazu werden die gedämpften Hölzer um einen Formkörper (im Bild grau) gebogen und verleimt. Mit einer Vielzahl von Schraubzwingen wird die Pressung erzeugt.

2. Kanadier mit Spanten

Eine Holzform bildet die Grundlage für diese Bauweise. An der Stelle, wo sich später die Spanten befinden, sind Metallstreifen angebracht. Sie dienen als „Amboss“ für das Vernageln der Beplankung.

Auf der Kiellinie wird ein Kantholz mit Aussparungen befestigt, durch die man die Spanten für den Biegevorgang schieben kann. Die Aussparungen bilden den Festpunkt beim Biegen der Spanten.

Die auf Maß geschnittenen, gehobelten und gefasten Leisten werden nun gedämpft. Sie werden durch die Aussparungen geschoben und an beiden Seiten der Form heruntergebogen, dabei wird das Holz plastisch verformt. Das jeweilige Ende der Spanten wird mit Hilfe eines Klemmhebels, der am Formrand befestigt ist, fixiert. In dieser Lage kann das Holz abkühlen.

Anschließend wird das Spantengerüst beplankt. Dünne Holzstreifen werden kalt entlang des Gerüstes gebogen und mit jeweils drei Messingnägeln im Kreuzungspunkt mit den Spanten vernagelt. Dabei dienen die auf

Der fertige Kanadier mit Spantengerüst

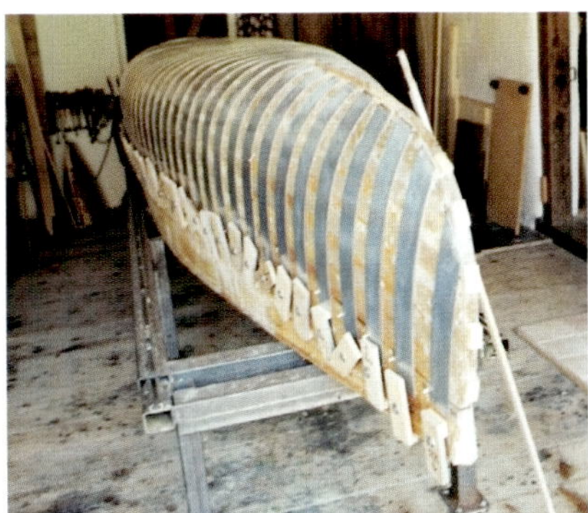

Form für einen Kanadier. Deutlich erkennbar die Metallstreifen, die als Amboss dienen, und die Klemmhebel, mit denen die gebogenen Spanten fixiert werden.

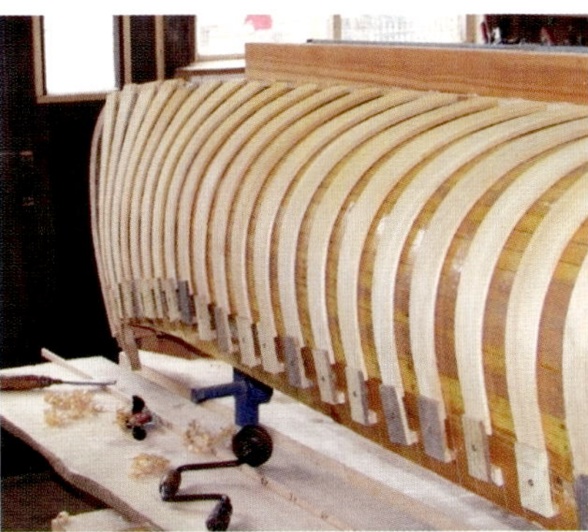

Form mit gebogenen Spanten. Deutlich erkennbar die Fixierung der Spanten.

Vernagelung der Planken mit den Spanten

Innenseite des Kanadiers. Gut erkennbar die gebogenen Spanten.

der Form angebrachten Metallstreifen als Widerlager. Die Messingnägel werden beim Einschlagen durch das Widerlager umgelenkt und U-förmig so umgebogen, dass sie sich nicht wieder lösen können.

Im Bereich besonders starker Krümmung wird das Plankenholz angefeuchtet, damit es sich leichter biegen lässt.

Detailansichten des fertigen Kanadiers

3. Kanadier ohne Spanten

Eine besonders leichte Konstruktion ist der Bootsrumpf ohne Spanten. In diesem Fall werden zwei dünne Lagen von Planken zu einem Verbund verleimt. Der Schichtaufbau des Bootrumpfes ist so, dass jeweils eine Planke die Fuge der darunter liegenden Planken abdeckt. In einem zum Patent angemeldeten Verfahren werden die zwei Lagen auf eine Form gepresst, bis der Klebstoff ausgehärtet ist.

Der fertige Kanadier ohne Spanten

Innenseite des spantenlosen Kanadiers

13. Rodelschlitten aus gebogenem Holz

Seit ca. 70 Jahren baut die Firma Graf in Sulgen in der Schweiz Rodelschlitten. Neben den klassischen Schlitten, die wir alle aus unserer Kindheit kennen, sind es insbesondere die modernen Sportrodel, die durch ihre elegant gebogene Holzkonstruktion Aufsehen erregen.

Die Rodelherstellung basiert auf der handwerklichen Kompetenz des Unternehmens. Getreu dem Motto „Wir bringen Holz in die gewünschte Form" fertigt der Betrieb als Holzbiegerei neben Rodelschlitten auch gebogene Handläufe, Werkzeugstiele, Teile für die Möbelindustrie sowie ausgefallene Sonderaufträge.

Für die Rodelherstellung wird ausschließlich heimisches Eschenholz verarbeitet. Der Inhaber Erwin Dreier sucht die geeigneten Bäume persönlich bei den Forstämtern der Ost-Schweiz aus. Nur astfreie Stücke des Baumes sind zu verwenden. Zu Kanthölzern aufgeschnitten wird das Holz luftgetrocknet, bevor es gedämpft und mit einer hydraulischen Biegemaschine gebogen wird. Die Dampfplastifizierung erfolgt in einem kesselartigen Behälter, der so genannten Dämpfretorte.

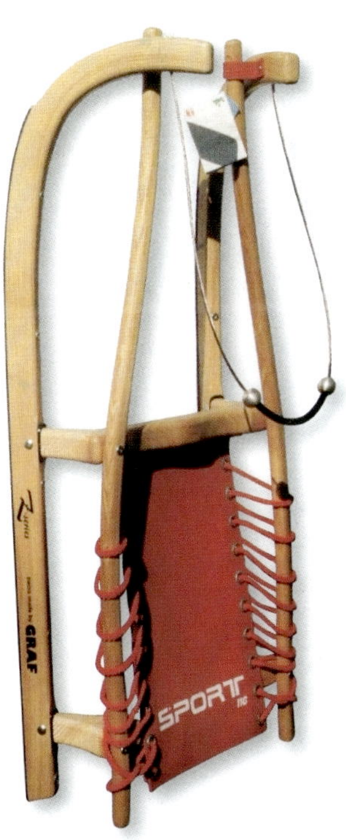

Rennrodel aus Eschenholz gebogen

Das gedämpfte Holz wird der Dämpfretorte entnommen.

Das Werkstück wird mit dem Biegeband so eingespannt und gebogen, dass keine Dehnung möglich ist.

Das gebogene Werkstück wird mit einem Stahlteil fixiert.

In der Biegemaschine wird das gedämpfte Holz in ein Stahlband gelegt und – wie üblich – so eingespannt, dass es sich beim Biegen nicht dehnen kann. Mittels Hydraulikzylinder wird das Holz mit dem Stahlband um eine Form gebogen.

Im gebogenen Zustand werden die Enden des Stahlbandes mit einem Stahlwinkel verklammert. Der Verbund aus gebogenem Holz und fixiertem Stahlband wird aus der Maschine entnommen. Bis das Holz abgekühlt und vorgetrocknet ist, bleibt es in dieser Zwangseinspannung.

Danach wird die Klammer gelöst und das Stahlband entfernt. Bei diesem Fertigungsverfahren wird eine große Anzahl von Stahlbändern benötigt, die im Umlauf sind. Anschließend wird das Holz vor der Weiterverarbeitung über einen längeren Zeitraum getrocknet.

Da der Betrieb saisonal versetzt produziert, d. h. im Frühjahr und Sommer wird auf Vorrat gebogen, und im Herbst und Winter wird die Fertigbearbeitung und Montage durchgeführt, hat das Holz ausreichend Zeit zu lagern. Es trocknet und innere Spannung baut sich ab.

Eingespannt kühlt das Werkstück aus.

Die Rohlinge lagern aufgestapelt bis zur Fertigbearbeitung.

Winterfreuden

14. Die Herstellung von Schachteln aus gebogenem Holz

Man unterscheidet zwischen zwei verschiedenen Herstellverfahren

1. Schachteln aus gebogenen Brettchen (Shakerschachteln)

Bereits die Kelten kannten diesen Schachteltyp. Sie bogen Brettchen zu Reifen, bei denen ein Ende fingerförmig auslief. Die Brettenden vernähten sie mit weichen Wurzelfasern. Jeweils ein Reifen für Deckel und Schachtelkorpus wurde mit einem Brettchen verschlossen. Die Shaker, eine religiöse Gruppe in den USA, griffen das Konstruktionsprinzip auf, passte es doch zu ihrem Grundsatz „Alles Schöne, das sich nicht aus dem Nützlichen ergibt, wird schnell geschmacklos und muss durch etwas Neues ersetzt werden". Getreu diesem Grundsatz schufen sie Holzprodukte von zeitlos schlichter Schönheit, die seit über 150 Jahren beliebt sind. Peter Ittner, ein Schreiner in Zell im Schwarzwald, baut heute Schachteln nach dem klassischen Vorbild der Shaker, oder er wandelt die Muster nach eigenem Entwurf ab.

Ausgangsmaterial seiner Dosen ist ein dünnes, luftgetrocknetes, feinjähriges Laubholzbrett. Er bevorzugt Obstbaumhölzer, deren Maserung bei diesen Werkstücken gut zur Geltung kommt. Besonders häufig verarbeitet er Holz von Kirschbäumen, die an den Westhängen des Schwarzwaldes feinjährig wachsen und in ausreichender Qualität verfügbar sind.

Damit Peter Ittner die Brettchen leicht biegen kann, schneidet er sie so auf, dass sie stehende Jahresringe haben. Sie werden auf ca. 3 mm Dicke gehobelt und geschliffen.

Entsprechend der gewünschten Dosenform und Größe hat er sich unterschiedliche Biegeformen aus MDF-Platten angefertigt. Die Formen sind zur besseren Handhabung mit zwei großen Bohrungen versehen und können mit einer angeleimten Holzleiste in der Werkbank eingespannt werden. Außerdem hat er für jede

Eine Sammlung von Shakerdosen unterschiedlicher Größen

Zuschneiden der Brettchen aus einer Kirschholzbohle

Verschiedene Schablonen der Mantelabwicklung

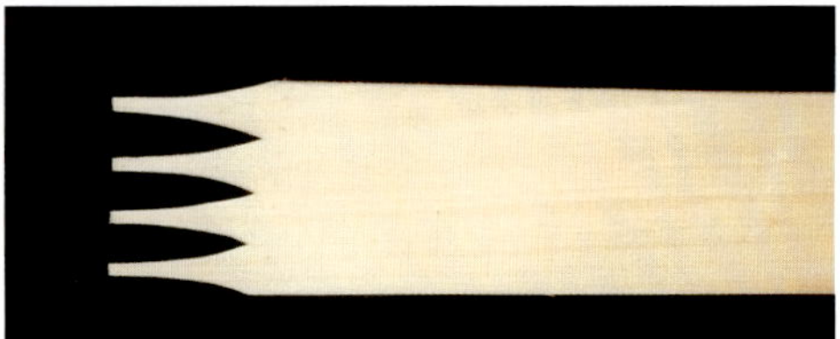
Nach der Schablone ausgesägte Fingerform

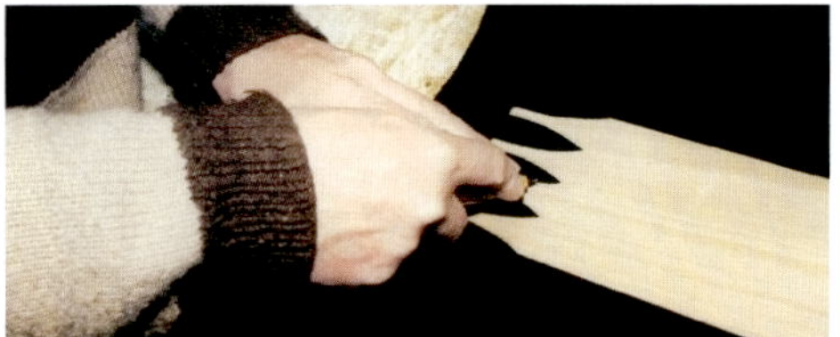
Mit einem Messer wird eine Fase an die „Finger" geschnitten.

Das „gekochte" Holz wird von Hand um die Form gezogen.

Modifizierte Biegeform mit eingelassenem Blech als Amboss. Auf ihr kann das gebogene Holz sofort vernietet werden.

Dosengröße eine Schablone der Mantelflächen hergestellt. Die Schablonenlänge berücksichtigt die nötige Überlappung der Mantelfläche und die Form der Finger.

Die Dosenfertigung läuft folgendermaßen ab:

- Die Abwicklungsgröße der Mantelfläche wird ausgemessen und das Brettchen entsprechend zugeschnitten.
- Ein Ende des Brettes wird schlank zugehobelt, damit es sich später gut anlegt. Am anderen Ende wird eine Fingerform ausgesägt und mit einer Fase versehen.
- Der Holzstreifen wird anschließend ca. 20 Minuten in einem Wasserbad „gekocht". Dadurch wird er elastisch und kann von Hand um die Biegeform gezogen werden. Beim Biegen wird das Holz plastisch verformt.
- Im gebogenen Zustand muss das Holz fixiert werden, bis es völlig erkaltet ist. Dazu werden die „Finger" mit der Mantelfläche durch Kupferstifte vernietet. Das geschieht gleich auf der Biegeform, die eine Blecheinlage als Amboss hat.
- Anschließend wird der Boden aus furniertem Sperrholz eingepasst und eingeleimt. Da Sperrholz nicht

Tablettvarianten nach Shakerart

wie massives Holz arbeitet, treten keine Formveränderungen ein.

- Nach der gleichen Methode wird der Deckel gefertigt. Allerdings muss beachtet werden, dass die Biegeschablone um die Wandstärke größer sein muss als die Dosenschablone. Am einfachsten benutzt man den bereits gefertigten Dosenmantel als Biegeform.
- Zum Schluss werden Dose und Deckel verputzt, geölt und gewachst.

Vernietete Mantelflächen mit dem dazu gehörenden Deckelring

Eine Variante der Fingerbefestigung durch Vernähen

2. Schachteln aus gebogenen Holzspänen

Bei dieser Bauart wird die Schachtelwand aus Holzstreifen gefertigt, die zuvor von einem Massivholzklotz abgehobelt wurden. Die Produktion solcher Gebinde kann man bei der Fa. Bühler-Holzspan im Frutigtal in der Schweiz sehen. Neben der Fertigung von Spanschachteln hat der Firmeninhaber Carl Bühler in den letzten 30 Jahren Exponate und alles Wissenswerte über die Spanschachtel gesammelt. In seinem kleinen Museum werden diese Schätze präsentiert. Ein Besuch lohnt sich.

Für die Spanherstellung verwendet Carl Bühler das Holz der langsam gewachsenen heimischen Fichte. Von den Stämmen nutzt er den astfreien, bergseitig gewachsenen Teil, den er in ca. 1 m lange Klötze sägt. Die ausgeprägten Jahresringe dieses feinjährigen Holzes ergeben ein schönes Maserungsbild. Die Späne werden vom frisch geschlagenen Holz abgehobelt. Dabei ist der Holzklotz so ausgerichtet, dass Späne mit stehenden Jahren entstehen. Carl Bühler hobelt mit einer ca. 100 Jahre alten Maschine, die unverwüstlich ist und nach wie vor präzise arbeitet.

Carl Bühler und seine alte Maschine zur Herstellung von Holzspänen

Gleichmäßige Späne werden Lage für Lage abgehobelt und auf unterschiedliche Breiten geschnitten.

Einrisse an der Oberfläche reduzieren den zu biegenden Querschnitt.

Ein breites feststehendes Hobelmesser mit 30°-Schnittwinkel schneidet Span für Span von dem Holzklotz. Dazu ist er auf einem sich hin und her bewegenden Maschinentisch festgespannt. Bewegt sich der Tisch in die eine Richtung, schneidet das Hobelmesser die Späne vom Klotz. Bewegt er sich in die andere Richtung, wird das Messer mechanisch angehoben und um die Spandicke zugestellt. Die Spandicke ist im ¹⁄₁₀ mm Bereich einstellbar.

Zusätzliche Messer teilen den Span in Längsrichtung so auf, dass Späne der gewünschten Breite entstehen. Die frischen Späne werden getrocknet. Das Hobeln frischer Späne erfordert ein häufigeres Schärfen der Messer als bei einem Schnitt durch trockenes Holz. Das Verfahren hat aber den Vorteil, dass der Holzklotz noch frei von Trockenrissen ist und dass sich die nassen dünnen Späne schnell rissfrei trocknen lassen.

Aus den getrockneten Spänen sind die Schachtelwände leicht zu formen. Dabei wird ein biegetechnisch interessanter Effekt genutzt. Beim Hobeln wird der Span durch den Spanbrecher am Hobelmesser gestaucht, und es entstehen quer verlaufende Einrisse. Dadurch rollt sich der Span auf.

Die Einrisse reduzieren den ohnehin dünnen Querschnitt. Wird der Span gebogen, ist darauf zu achten, dass die Einrisse auf der Innenseite der Schachtelwand liegen. In dem Fall schieben sich die schuppenartigen Einrisse des Holzes übereinander und stützen sich gegenseitig ab.

Im Gegensatz zum Formen von Shakerdosen findet beim Biegen von Spänen keine plastische Verformung statt. Die Herstellung der Schachteln ist einfach:

- Das Holz für den Dosenkörper wird auf der konvexen Seite der Oberfläche leicht mit Wasser besprüht, so wird es elastisch.
- Danach wird der Span von Hand um einen Formkörper gebogen. Um bei dicken Spänen Risse zu vermeiden, ist ein Biegeband aus Metall notwendig.
- Die überlappenden Enden werden verleimt. Mit einer Klammer wird das gebogene Holz auf der Form gepresst, bis der Leim abgebunden hat.

- Der Deckel wird auf die gleiche Art wie der Dosenkorpus gefertigt. Damit Deckel und Dose zueinander passen, wird der Dosenkörper als Biegeform für den Deckelrand benutzt.
- Dose und Deckel werden mit einem dickeren, aber ebenen Span verschlossen.

Bemalte Spanschachtel

Nach dem beschriebenen Verfahren fertigt Herr Bühler Schachteln in verschiedenen Größen und Formen an. Das Spektrum reicht von der gebogenen Streichholzschachtel mit 0,2 mm dicker Wand bis hin zur großen Reiseschachtel, dem Vorläufer unseres heutigen Koffers.

Heute hat die Spanschachtel ihre Bedeutung als Verpackungsmaterial weitestgehend verloren.

Die Tradition und Kunst, Spanschachteln zu bemalen oder zu verzieren, wird von Liebhabern nach wie vor gepflegt. Aus diesem Personenkreis rekrutiert sich die Klientel für Carl Bühlers Produkte.

Noch heute werden Spanschachteln verwendet, um z. B. Käse zu verpacken.

Ein einfacher Holzkörper dient als Biegeform, um ihn wird der Span gebogen.

Klammern halten den Verbund, bis der Leim abgebunden hat.

Fertigung von Streichholzschachteln

Fertigung von Verpackungsschachteln

15. Handtaschen aus gebogenem Holz

Die Technik, Furniere schichtweise zu verleimen, nutzt Michael Kuhlmann, um Handtaschen der besonderen Art zu fertigen. In seiner kleinen Werkstatt in der Nähe von Köln produziert der gelernte Schreiner Unikate aus gebogenem Holz.

Ausgangsmaterial für seine Arbeiten sind Furnierreste, die er auf Maß schneidet, um eine Holzform biegt und verleimt. Die Formen fertigt er aus beschichteten Spanplatten, die er zu breiten Paketen verschraubt. Ihre Größe und Kontur variiert je nach Taschenmodell.

Die Taschenkörper biegt Michael Kuhlmann aus 6 bis 7 Furnierlagen, die er mit PVA-Leim verbindet. Dabei ist das innen liegende Furnier ein ausgesuchtes Edelfurnier.

Die beleimten Furniere presst er mit Spannbändern auf die Form.

Nachdem der Leim ausgehärtet ist, wird das gebogene Formteil auf Maß geschnitten und die Kanten verputzt.

Deckel und Boden sind ebenfalls aus Furnieren zu einem Sperrholz verleimt. Entsprechend der Biegeschablone wird die Form von Deckel und Boden ausgeschnitten und mit dem gebogenen Korpus verleimt. Die Kanten werden winkelig verputzt.

Ausgewählte Furniere verleihen der Tasche ein edles Aussehen.

Verschiedene Biegeformen kommen zum Einsatz

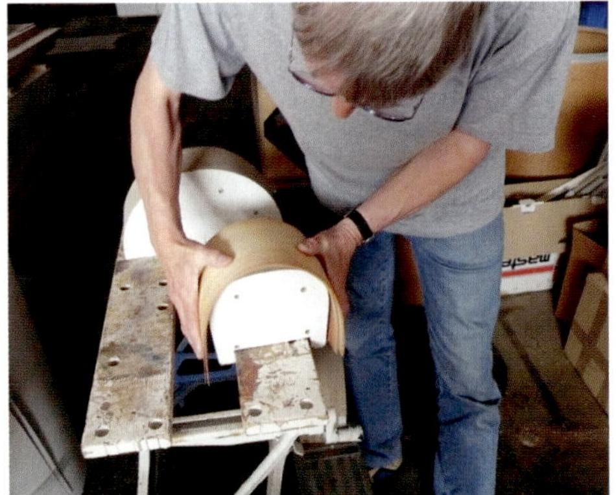

Die beleimten Furniere werden als Paket um die Form gebogen und gepresst.

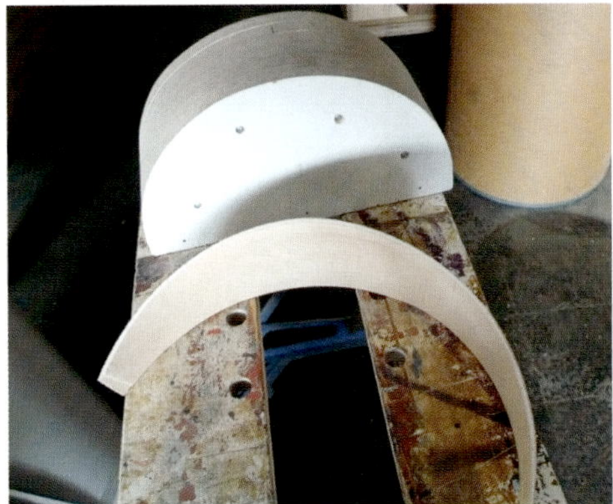

Der fertige Korpusrohling und die dazu gehörige Form

Danach wird der Korpus von außen ebenfalls mit einem edlen Holz furniert. Dabei überdeckt das Furnier die Boden- und Deckelkante, sodass ein einheitliches Bild der Maserung entsteht. Der gesamte Taschenkörper wird geschliffen und lackiert. Dann wird der Korpus mit einem feinen Sägeschnitt zerschnitten und die zwei Teile zu Deckel bzw. Taschenkörper verarbeitet. Die Innenseiten und die Schnittkanten werden oberflächenbehandelt, Scharniere, Verschluss sowie Tragegriffe aus Leder werden zur Fertigstellung angebracht.

Die Möglichkeiten der Taschengestaltung sind vielfältig. Die Varianten in Form, Größe und Deckelart sind unbegrenzt, ebenso vielfältig sind die Furniere. Der Fantasie von Michael Kuhlmann sind keine Grenzen gesetzt.

Eine fertige Tasche aus verschiedenen Furnieren gefertigt

Tasche mit einem flexiblen Deckel aus Holzleisten

Ausgewählte Furniere unterstreichen die Form der Tasche.

16. Holzbiegen beim Musikinstrumentenbau

Die Verwendung von gebogenem Holz im Musikinstrumentenbau ist vielseitig. An einigen ausgewählten Beispielen, bei denen das Holz plastisch verformt oder im gebogenen Zustand schichtverleimt wird, soll dies dargestellt werden.

Biegen der einzelnen Späne auf dem Biegeeisen

16.1 Lautenbau

Extrem dünne Hölzer zu biegen ist eine Aufgabe des Lautenbauers. Der Gitarren- und Lautenbaumeister Matthias Wagner aus Badenweiler hat sich auf den Bau und die Restauration von Lauten, Theorben und Gitarren spezialisiert.

Die gebogenen Späne werden auf der Negativform fixiert.

Seine größte Aufmerksamkeit schenkt er dabei der Laute und ihrem arabischen Vorfahren, dem Oud.

Die Blütezeit der Laute und ihrer Musik reichte von ca. 1500 bis 1800. Danach wurde sie durch modernere und lautere Instrumente verdrängt. Heute gibt es Musiker, die sich wieder der Lautenmusik widmen.

Es entsteht eine Nachfrage nach Instrumenten, die dem alten Klang entsprechen. Es existieren kaum Unterlagen über die Lautenherstellung. Matthias Wagner muss sich alles selbst erarbeiten. Er untersucht alte Instrumente, vermisst und zeichnet sie. Nach den Ergebnissen fertigt er neue Instrumente.

Es erfordert handwerkliches Können, eine Renaissancelaute zu fertigen, die nur ca. 600 Gramm wiegt und eine hohe Stabilität besitzen muss.

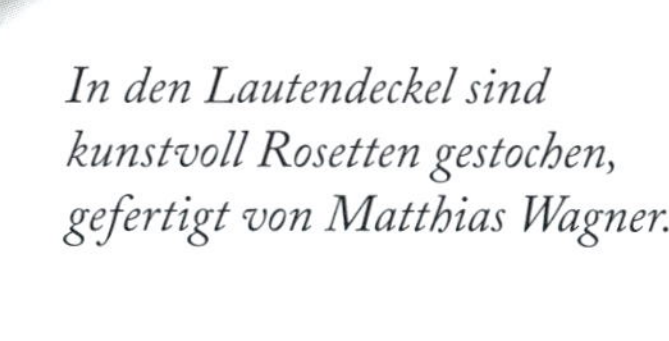

In den Lautendeckel sind kunstvoll Rosetten gestochen, gefertigt von Matthias Wagner.

Lautenmuschel aus gebogenem Eibenholz. Der Wechsel von Splint und Kernholz verstärkt den optischen Effekt. Die Spanenden sind durch eine Außenkappe abgedeckt, gefertigt von Kai Schupp, Hamburg.

Bei der abgebildeten Laute sind die Spanenden mit einem dreieckigen Holz eingefasst, eine Alternative zur Außenkappe, gefertigt von Matthias Wagner.

Der Resonanzkörper, die sogenannte Muschel, wird aus 1,0 mm bis 1,5 mm dicken Spänen zusammengesetzt. Die Späne sind aus gut abgelagerten feinjährigen Laubhölzern wie Riegelahorn, Eibe, Esche oder auch Palisander geschnitten.

Die Späne, bis zu 45 Stück pro Muschel, formt Matthias Wagner mittels Biegeeisen und fixiert sie auf einer Negativform. Um zu verhindern, dass Leim an der Form haftet, wird sie zuvor mit Wachs bestrichen.

Da der Resonanzkörper keine rotationssymmetrische Form hat, sondern örtlich abgeflacht oder überwölbt ist, muss jeder Span individuell mit dem Hobel und einer Feile angepasst werden. Um besondere optische Effekte zu erzielen, werden zwischen die einzelnen Späne oft Adern aus schwarz gebeiztem oder hellem Ahorn eingelegt. Ein schönes Bild entsteht, wenn der Lautenbauer verschieden farbige Späne verleimt oder Eibenholzspäne verwendet, die aus hellem Splint- und dunklem Kernholz bestehen.

Durch Hautleim werden die Späne an den Stoßfugen miteinander verklebt. Auf der Innenseite der Muschel werden sie mit Papier- oder Pergamentstreifen verstärkt.

Die Enden der verleimten Späne werden auf einer Seite der Muschel durch einen quer verlaufenden Span, der sogenannten Außenkappe abgedeckt. Auf der anderen Seite werden die Spanenden später mit dem Lautenhals verbunden.

Nach dem Verleimen wird der Rand der Muschel bündig gehobelt. Die Muschelöffnung wird mit einer Decke aus Fichtenholz verschlossen. In die Decke werden kunstvolle Rosetten gestochen, die dazu beitragen, den speziellen Klang der Laute zu erzeugen.

Für die Decke wird ausschließlich viele Jahre abgelagertes Fichtenholz, in einer Stärke von 1,0 mm bis 2,4 mm, verwendet. Zur Stabilisierung und zur Klangbildung wird die Decke innen durch Querstreben verstärkt. Die Streben verhindern außerdem Rissbildung in der Decke.

Lautenmuschel aus zwei verschiedenen Hölzern, gefertigt von Matthias Wagner.

16.2 Gitarrenbau

Eine dezente Einlegearbeit schmückt die Gitarre.

Während bei der Laute der Resonanzkörper aus einer Vielzahl von Spänen gebogen ist, besteht er bei der Gitarre aus zwei gebogenen Zargenteilen, die mit einer Decke und einem Boden verschlossen sind.

Seit seinem 25. Lebensjahr beschäftigt sich der gelernte Mechaniker und Maschinenbauingenieur Michael Wichmann mit dem Bau von Musikinstrumenten. Von Radleiern über Lauten bis hin zu Gitarren hat er bis heute ca. 600 Instrumente gefertigt. War es anfangs nur Hobby, wurde es später sein Beruf. In ganz Europa hat er in verschiedenen Werkstätten gelernt und gelehrt. Dabei war ihm die gesammelte Erfahrung aus seiner früheren Tätigkeit sehr hilfreich. Michael Wichmann baut Gitarren nicht nur nach klassischen Vorgaben, sondern er entwickelt diese permanent weiter. Mit messtechnischen Verfahren untersucht er den Einfluss von Holzart, Holzstärke sowie Bauform auf das Klangbild einer Gitarre. Die Reproduzierbarkeit des Klanges durch eine gute Gitarrenform ist für ihn wichtig.

Er baut Konzert-, Flamenco-, Django- und Maccaferri-Gitarren. Seine besondere Aufmerksamkeit gilt der Konzertgitarre nach spanischem Vorbild. Die von ihm gebauten Instrumente sind bei namhaften Gitarristen gefragt. Neben einem guten Klang zeichnen sie sich durch ein dezentes Erscheinungsbild aus. Edle Klanghölzer werden verarbeitet. Sparsam und zurückhaltend ist die Verzierung mit eingelegten Hölzern.

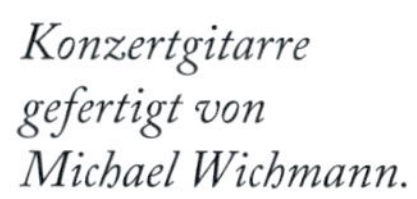

Konzertgitarre gefertigt von Michael Wichmann.

Ein besonderes Schmuckelement ist die Schallloch-Rosette. Sie besteht aus gebogenem Holz mit Einlagen.

Alle Gitarren werden von Hand mit Schellack poliert. Die Oberflächenbehandlung unterstreicht nicht nur das edle Erscheinungsbild, sie ist auch die geeignete Methode, mühsam handgefertigte Instrumente in ihrer Klangeigenschaft zu erhalten.

Michael Wichmann gibt sein Wissen gerne in Gitarrenbaukursen weiter. Er vermittelt die verschiedenen Bautechniken und Herstellungsmethoden. Am Ende eines jeden Kurses geht der Teilnehmer mit einer selbst

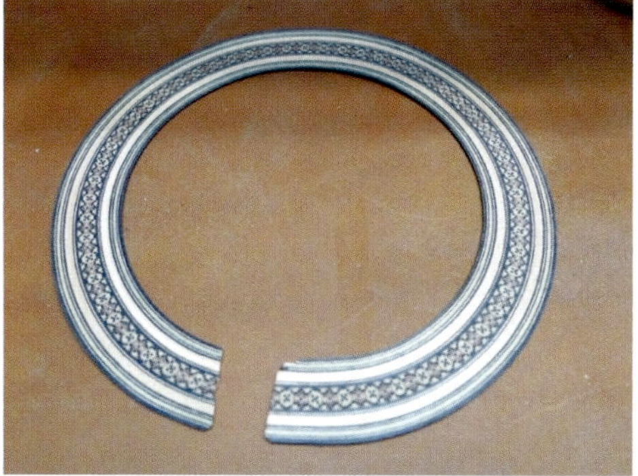

Die Schallloch-Rosette ist ein besonderes Schmuckelement.

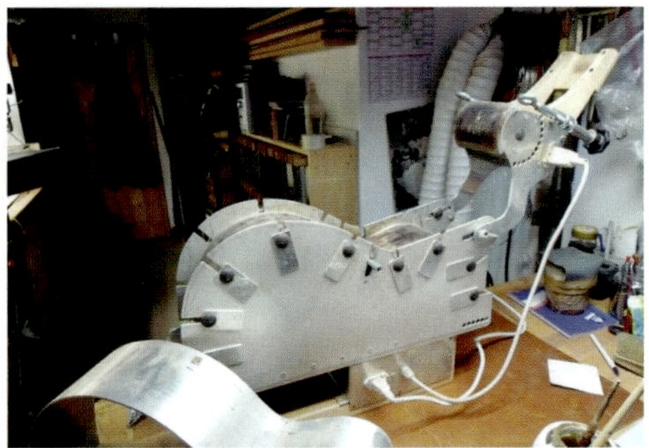

Biegeeinrichtung zum Formen der Zargen. Im Vordergrund die auswechselbare Form, hochgeklappt der Stempel zur Taillenformung.

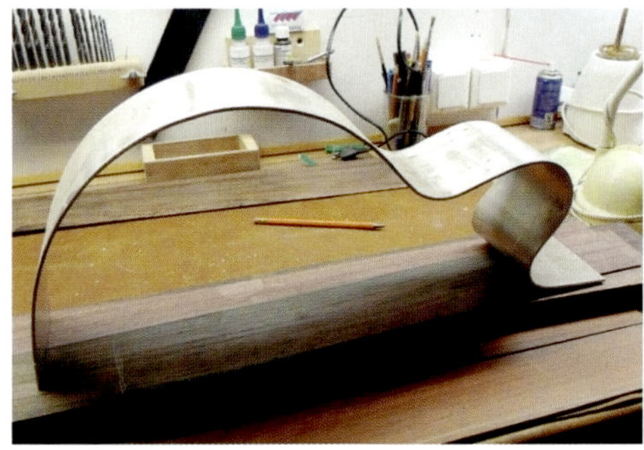

Ein typisches Formwerkzeug

Sorgfältig werden die Hölzer ausgewählt.

gefertigten Gitarre nach Hause. Michael Wichmann konnte zwei seiner früheren Schüler so vom Gitarrenbau begeistern, dass sie heute mit ihm zusammen eine Werkstatt-Gemeinschaft in Hamburg bilden.

Im Allgemeinen werden in ihrer Werkstatt die üblichen Gitarrenbauwerkzeuge benutzt. Für zeitraubende Herstellverfahren, wie das Formen der Zargen, hat der Maschinenbauer Wichmann eigene Werkzeuge und Hilfsmittel entwickelt. Inzwischen werden sie in vielen anderen Gitarrenbauwerkstätten benutzt. Kernwerkzeug ist seine Biegeeinrichtung, die das präzise Biegen von Zargen, Reifchen und Randverstärkungen erleichtert.

Der Korpus einer Gitarre ist, je nach Anwendung in der Musik, unterschiedlich geformt. Die Zargen haben die verschiedensten Geometrien. Entwickelt Michael Wichmann eine neue Zargenform, zeichnet er die ihm vorschwebende Kontur in Originalgröße auf. Den Prototyp biegt er herkömmlich mit dem Biegeeisen, dabei wird die gebogene Form stetig mit der Zeichnung verglichen, bis die Kontur der Zarge mit der Zeichnung übereinstimmt. Ein aufwendiger Vorgang, der neben handwerklichem Können, Zeit und Geduld erfordert. Entspricht der Prototyp der gefertigten Zarge, auch im Klang als fertige Gitarre, seinen Vorstellungen, baut er entsprechend ihrer Geometrie eine Biegeform aus 2 mm starkem Aluminiumblech. Mit dieser Form werden alle Zargen für das neue Gitarrenmodell gebogen.

Unterschiedliche Biegeformen, für Korpuslängen von 45 cm bis 55 cm, können in die von ihm entwickelte Biegevorrichtung eingebaut werden.

Die Biegevorrichtung selbst besteht aus einem Halter für die Formbleche und einem schwenkbaren Stempel. Mit dem Stempel wird die Gitarrentaille geformt. Formblech und Stempel sind elektrisch beheizt und temperaturgeregelt.

Der Biegevorgang selbst ist relativ einfach. Sorgfältig ausgewähltes Holz, bevorzugt werden Palisanderarten, wird auf Maß geschnitten und auf gleiche Dicke gehobelt. Die Holzdicke liegt zwischen 1,0 mm und 2,5 mm, je nach gewünschter Tonart der Gitarre. Resonanzkörper mit dünner Zarge schwingen mit einem volleren Ton als solche mit dicker Zarge. Um ein schönes Bild der Holzmaserung zu zeigen, werden die beiden Zargenteile aus Hölzern mit „spiegelnder" Ansicht gefertigt.

Vor dem Biegen wird das Holz angefeuchtet. Schwer biegbare Hölzer werden gewässert oder in Essigwasser, das als Weichmacher wirkt, eingelegt, um sie geschmeidig zu machen Danach wird das Holz in die auf 160 °C bis 180 °C erwärmte Biegevorrichtung gelegt.

Mit dem geheizten Stempel wird das Holz partiell erwärmt und langsam in die Form gedrückt. Dabei formt sich die Zargentaille.

Anschließend werden die beiden Holzenden gefühlvoll von Hand nach unten gebogen, sodass sie sich an

Das Holz wird vor dem Biegen angefeuchtet, damit der entstehende Dampf die Biegung unterstützt.

Zuerst wird die Taille geformt.

Danach wird die übrige Kontur gebogen.

Das Lochblech wird eingelegt.

Das Holz wird gegen die Form gepresst und bleibt so eingespannt.

Formen mit dem Biegeeisen

die Kontur der beheizten Form anlegen. Bei diesem Arbeitsschritt wird wie beim normalen Biegeeisen das Holz gleichzeitig erwärmt und gebogen.

Das gebogene Holz wird wieder entlastet, dabei federt es teilweise zurück. Als nächster Schritt wird ein Lochblech über das Holz gelegt.

Mit dem Lochblech wird das aufgefederte Holz wieder fest gegen die Form gepresst und verriegelt. In dem eingespannten Zustand erwärmt sich das Holz nochmals, und Spannungen im Holz können sich ausgleichen. Nach einiger Zeit wird die Heizung abgeschaltet, das eingespannte Holz kühlt ab und beginnt zu trocknen. Die Löcher im Blech erleichtern die Abkühlung und Trocknung.

Nach dem Abkühlen und teilweiser Trocknung wird das Werkstück aus der Form genommen. Das Holz federt nur minimal auf.

Bei Zargenformen mit starken Krümmungen wird das Holz herkömmlich mit dem Biegeeisen vorgebogen und anschließend in der Biegevorrichtung fertig geformt.

Bei sehr kleinen Biegeradien werden die Zargen aus dünnen Furnieren gebogen und mehrere Furniere zu einem Formholz verleimt.

Reifchen und Randverstärkungen aus Laubholz werden, der Formgenauigkeit wegen, ebenfalls mit der beschriebenen Biegevorrichtung gebogen. Nach wie vor kommt aber auch das gute alte Biegeeisen zum Einsatz. Eine Herstellungsalternative für Reifchen ist die Verwendung von geschlitzten Holzstreifen oder das kalte Biegen von „Bendywood“.

Gitarrenzargen mit kleinen Biegeradien

Mit der Vorrichtung gebogene Randverstärkungen

16.3 Holzbiegen beim Geigenbau

In der historischen Altstadt von Lübeck, am Fuße der Petrikirche, befindet sich die Werkstatt des Geigenbaumeisters Haat-Hedlef Uilderks.

Sein Bestreben ist es, die Instrumentenvielfalt der berühmten alten Geigenbauer weiterleben zu lassen. Fasziniert von der italienischen Geigenbaukunst des 17. und 18. Jahrhunderts, hat er die Instrumente jener Zeit zum Maßstab seiner Arbeit erklärt.

Ausgesucht erlesene Hölzer, ihre jahrzehntelange natürliche Trocknung sowie alte handwerkliche Arbeitsmethoden zeichnen den Charakter seiner Instrumente aus. Sein feines Gespür für das Material, die Holzstärken und die Art der Lackierung sorgen für ein ästhetisches Aussehen und eine hohe Klangqualität.

Haat-Hedlef Uilderks baut in seiner Lübecker Werkstatt das gesamte Spektrum von Streichinstrumenten.

Neben Modellen nach eigenem Entwurf baut er auch Instrumente nach historischem Vorbild. Schöne herausragende Meisterinstrumente, die höchsten Ansprüchen genügen, dienen als Vorlage. Durch das Angebot der Nachbauten, die eine klangliche Nähe zum Original haben, wird ein hochwertiges Instrument mit „altem Klang“ für manchen Musiker erschwinglich.

Der Geigenbaumeister Uilderks in seiner Werkstatt. Bei dem Cello wurde zu Reparaturzwecken der Boden entfernt. Die gebogene Form der Zarge und die Verbindung der einzelnen Zargenteile durch Klötzchen sind gut erkennbar.

Ein Meisterstück der Geigenbaukunst

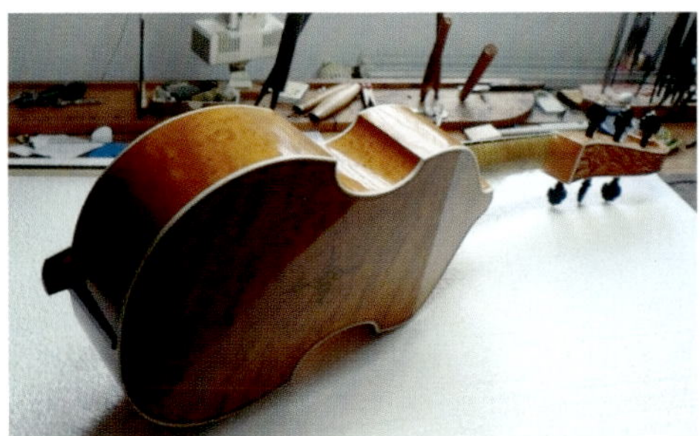

Gambe mit abgeknicktem Boden

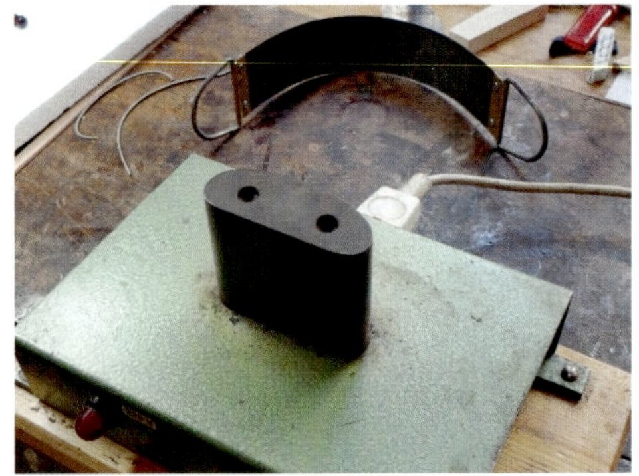

Biegeeisen zum Biegen von Geigenzargen, im Hintergrund liegend das zugehörige Stahlband

Biegen eines Zargenabschnittes

Nach dem Motto: „Was lange ruht, klingt endlich gut" verarbeitet Haat-Hedlef Uilderks nur mindestens 10 Jahre abgelagerte Hölzer.

Während beim Lauten- und Gitarrenbau verschiedenste Holzarten für den Korpus zum Einsatz kommen, werden beim Geigenbau vorwiegend zwei Arten verwendet. Vorzugsweise wird Bergahorn für den Boden, die Zarge, den Hals und den Steg verarbeitet und Gebirgsfichte für die Decke. Dabei werden die mechanischen, optischen und klanglichen Eigenschaften der Holzarten genutzt.

Fichtenholz weist sehr gute Resonanzeigenschaften auf, Ahornholz zeichnet sich durch Härte und Elastizität aus.

Wachstumsanomalien beim Ahorn nutzt der Geigenbauer zur Instrumentengestaltung. Riegelahorn mit wellenförmigem Holzfaserwuchs wird z. B. genutzt, um, je nach Lichtbrechung, das Aussehen der Zarge und des Bodens zu verändern.

Vogelaugenahorn mit kleinen astähnlichen Verwachsungen in der Oberfläche gibt dem Instrument eine edle Struktur.

Die Teile für Decke und Boden der Streichinstrumente werden aus Holz mit stehenden Jahresringen gefertigt. Die Decken- und Bodenwölbungen entstehen durch Hobeln und bearbeiten mit der Ziehklinge.

Bei Gamben wird die gewölbte Decke manchmal aus fünf Fichtenholzstreifen gebogen, die nebeneinander geleimt und anschließend mit dem Hobel geglättet werden. Der Boden einer Gambe ist meistens eben, nur im oberen Bereich zum Hals hin abgewinkelt. Die Formänderung erfolgt durch Biegen, dazu wird der Holzquerschnitt des Bodens im Bereich der Abwinklung durch eine V-förmige Nut geschwächt.

Bei den Zargen der Streichinstrumente nutzt Haat-Hedlef Uilderks sowohl Holz mit stehenden als auch mit liegenden Jahresringen. Stehende „Jahre" garantieren eine hohe Festigkeit. Mit liegenden „Jahren" erzielt er optische Effekte, geht damit aber das Risiko einer späteren Rissbildung ein.

Die Zargen biegt er aus dünn gehobelten Brettchen mit einem Biegeeisen. Die verwendeten Holzstärken unterscheiden sich bei den einzelnen Instrumenten. Für die Geige formt er Hölzer von 1,0 mm, für das Cello von 1,4 mm und für den Kontrabass von über 2,0 mm. Das Profil seines Biegeeisens entspricht der Kontur des sogenannten Mittelbügels der jeweiligen Instrumente.

Um ein Ansengen des Holzes beim Biegen zu verhindern, legt er zwischen Biegeeisen und Holz einen Papierstreifen. Dieser dient als Warnung vor örtlicher Überhitzung. Dünne Hölzer werden in der Regel trocken gebogen, dickeres Material wird angefeuchtet. Indem er das Holz beim Biegen mit einem Stahlband gegen das Eisen drückt, verhindert er ein Ausbrechen der Fasern.

Die Zarge einer Geige setzt er aus sechs gebogenen Einzelteilen zusammen. Deren Konturen passt er an die sogenannte Innenform an. Dabei handelt es sich um eine Vorrichtung, die als Schablone dient und immer wieder verwendbar ist. In der Vorrichtung sind sechs Ausschnitte eingearbeitet, sie dienen zur Aufnahme der „Klötzchen". Er verleimt die einzelnen Zargenabschnitte mit den „Klötzchen" zur geschlossenen Zarge.

Das Biegen einer Gambenzarge stellt eine besondere Anforderung dar. Ihre Zarge ist im Halsbereich konisch geformt, d. h. die Zargenwand steht nicht rechtwinklig zum Boden und der Decke. Ihre Abwicklung ist nicht wie bei den übrigen Streichinstrumenten ein Holzstreifen mit parallelen Kanten, sondern hat eine abgewinkelte Kontur.

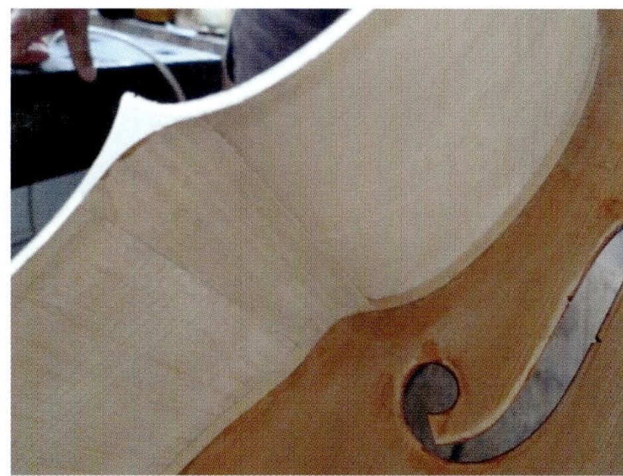

Innenansicht eines Cellos: Leimflächenvergrößerung erfolgt durch Holzreifchen und die Verbindung der einzelnen Zargenstücke untereinander durch angepasste Klötzchen.

Korpus eines Cellos, die Decke wurde mit eingelegten, gebogenen Holzstreifen, sogenannten Adern, verziert.

Bei der Gambe ist im Halsbereich nicht nur der Boden abgeknickt, auch die Zarge verläuft hier konisch.

Klaus Andrees mit einem von ihm gefertigten Instrument

Biegen der gewässerten Riegelahornstreifen

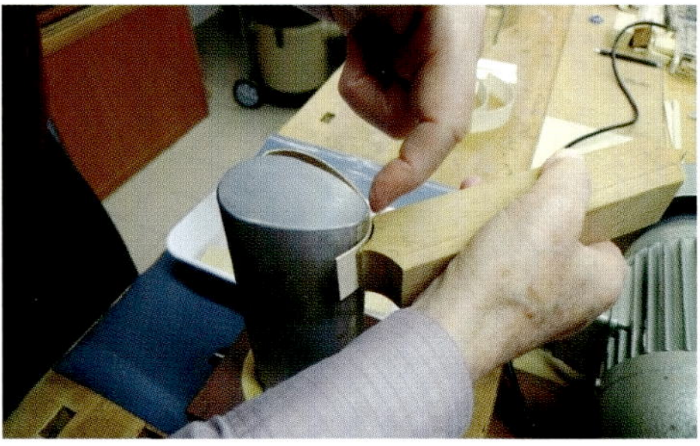

Mit einem Formstück werden die kleinen Biegeradien geformt.

Um Decke und Boden eines Streichinstrumentes sicher mit der Zarge zu verbinden, vergrößert Haat-Hedlef Uilderks die Kontaktfläche. Er biegt einen dünnen Holzstreifen (Reifchen) aus leichtem Lindenholz und verleimt ihn bündig mit der Zargenkante. Mit Hautleim befestigt er an die nun breite Kante Boden und Decke. Neben einer guten akustischen Kopplung hat Hautleim den Vorteil, dass die Verbindung im Reparaturfall durch Erwärmung leicht lösbar ist.

Oft verziert er seine Instrumente, insbesondere Gamben, mit kunstvollen Holzeinlagen, sogenannte Adern. Dünne Hölzer, meistens zwei dunkle und ein helles, verleimt er miteinander und schneidet sie zu dünnen Streifen. Sie werden ebenfalls mit dem Biegeeisen geformt und in Nuten, die im Boden und der Decke ausgestochen sind, eingeleimt.

Einen anderen Weg der Zargenherstellung geht Klaus Andrees. Nachdem er in Pension ging, hat der Architekt sich seinen Jugendtraum erfüllt und baut heute in Quickborn Geigen und Bratschen. Nach einer mühsamen Lernkurve hat er es geschafft, qualitativ hochwertige Instrumente zu bauen. Sie erfüllen optisch und klanglich den Anspruch eines guten Konzertinstrumentes. Erwähnenswert ist, dass er seine Instrumente nicht verkauft, sondern Musikstudenten kostenlos zur Verfügung stellt.

Seine Instrumente zeichnen sich durch eine hohe Präzision aus. Er erreicht die reproduzierbare Genauigkeit aller Einzelteile durch die Verwendung einer Vielzahl von selbstgebauten Lehren und Vorrichtungen.

Kernstück seiner Zargenfertigung ist eine Außenform, in der die einzeln gebogenen Zargenteile, mit entsprechend angepassten Formteilen, gepresst und anschließend verleimt werden.

Für die Zargenherstellung verwendet Klaus Andrees überwiegend Riegelahorn mit 1,4 mm Dicke. Da das Holz sehr bruchempfindlich ist, wässert er es vor dem Biegevorgang.

Zum Formen drückt Klaus Andrees das Ahornholz mit einer Leiste gegen das erwärmte Biegeeisen. Um kleine Radien zu biegen, hat die Leiste am Ende eine entsprechende Kontur, mit der er das Werkstück gegen das Eisen drückt.

Das noch feuchte gebogene Holz wird in der Außenform gepresst, bis es erkaltet und getrocknet ist. Da die Form und die entsprechenden Druckstücke sehr genau gefertigt sind, ergeben sich reproduzierbar gleiche Formteile.

Für das mittlere, nach innen gekrümmte Zargenteil, dem sogenannten Mittelbügel, nutzt Klaus Andrees eine separate Form mit Druckstück. Es wird, nachdem es getrocknet ist, in die Außenform eingefügt.

Nach Schablonen werden die Klötzchen angerissen und die Konturen mit einem Stemmeisen ausgestoßen. Zargenteile und Klötzchen werden in der Form verleimt.

Durch das Verleimen in der Außenform entsteht eine sehr formgenaue Zarge.

Zur Vergrößerung der Leimfläche werden gebogene Reifchen aus Lindenholz an die Zargenränder geleimt. Danach werden Decke und Boden mit der Zarge verbunden. Klaus Andrees verwendet für seine Leimverbindungen Fischleim. Dieser ist kalt zu verarbeiten, und die Leimverbindung kann jederzeit durch Alkohol gelöst werden.

Da Decke und Boden ebenfalls nach einer Lehre gefertigt wurden, sind kaum weitere Anpassarbeiten erforderlich.

Während die Instrumentendecke immer aus Fichtenholz gefertigt wird, verwendet Klaus Andrees für den Boden und die Zarge neben Riegelahorn auch gern Vogelaugenahorn. So entstehen bei ihm Instrumente, die neben klanglicher Qualität ein schönes Erscheinungsbild haben.

Außenform zur Zargenherstellung. Mit Druckstücken werden die Zargensegmente gegen die Form gepresst.

Für das Formen des konkaven Mittelbügels wird eine separate Form verwendet.

Für jedes Klötzchen gibt es eine Schablone.

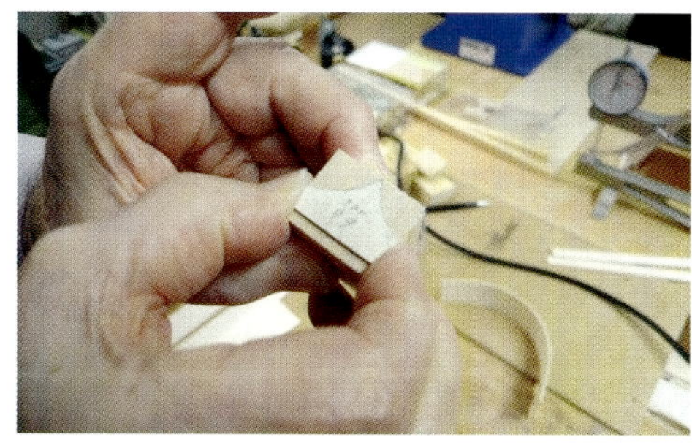

Nach der Schablone wird das Klötzchen aus Fichtenholz angerissen und ausgestoßen.

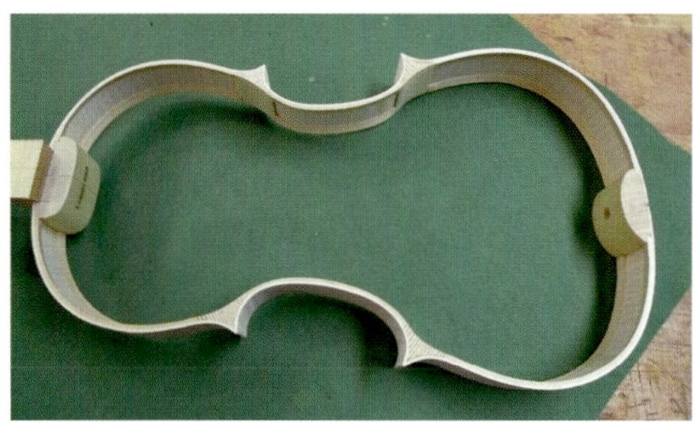

Die fertige Zarge. Gut erkennbar die passgenauen Klötzchen und die eingeleimten Reifchen.

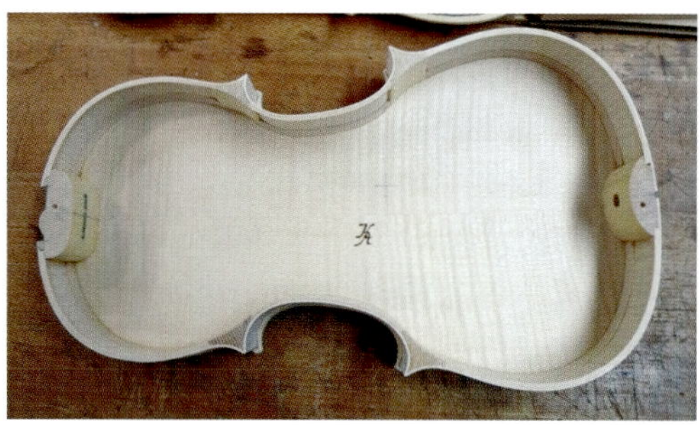

Zarge mit eingeleimtem Boden

Der Riegelverlauf in der Zarge hat den gleichen Winkel wie der Halsansatz.

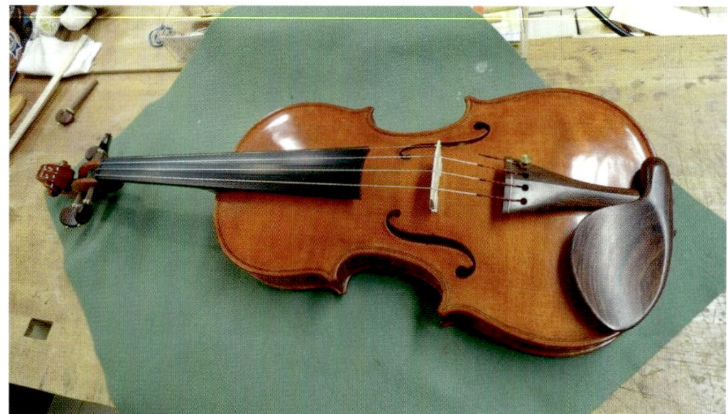

Das fertige Instrument

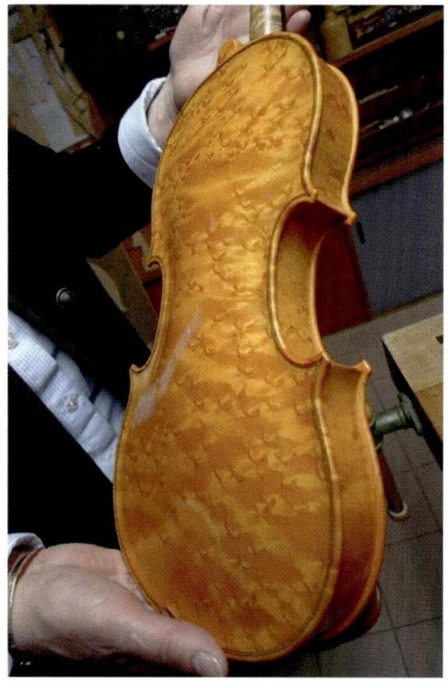

Violine, bei der Boden und Zarge aus Vogelaugenahorn gefertigt wurde.

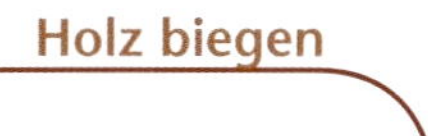

16.4 Holzbiegen beim Harfenbau

In Hamburg-Wandsbek betreibt Henrik Schupp eine Werkstatt für Harfenbau. Das Handwerk hat er in Wales und Frankreich erlernt. Seine Spezialität ist der Bau von „Irischen Harfen“. Diese sind kleiner als Konzertharfen und ihr Tonumfang geringer.

Der Korpus einer „Irischen Harfe“ besteht aus zwei gebogenen Zargenhälften, die konisch zulaufen. Er ist mit einer Decke und einem Boden sowie zwei stirnseitigen Deckeln verschlossen. Der Korpus bildet den Resonanzkörper des Instrumentes.

Als Material für den Korpus verwendet Henrik Schupp überwiegend Kirsch- und Ahornholz. Nur die Decke besteht, wegen der guten akustischen Eigenschaften, aus Fichtenholz.

Die Zarge biegt er aus drei Holzlagen, die miteinander verleimt werden. Die äußere Lage besteht aus 1,5 mm edlem Sägefurnier, z. B. Kirschholz. Ein biegeweiches Pappelsperrholz bildet oft die mittlere Lage und die innere ist ein Ahornfurnier. Die Faserrichtung des Ahornfurniers verläuft 45° zum Sägefurnier. Mit der Materialauswahl der Mittellage beeinflusst Henrik Schupp den Klang des Instrumentes. Außerdem sperrt die Mittellage das Holz ab und vermeidet Risse im Korpus.

Die Zargen werden nach zwei verschiedenen Verfahren verleimt:

Leimen mit einer Innenform

Bei diesem Verfahren werden in einem Arbeitsgang die beiden Zargenhälften mit dem Boden und den seitlichen Deckeln zu einem Korpus verleimt.

Henrik Schupp verwendet dazu einen Formkörper, der der Innenkontur des Korpus entspricht. An diesen werden der Boden und die seitlichen Deckel provisorisch mit Schrauben befestigt.

Danach biegt er die beleimten Holzlagen um die Form und fixiert sie mit einem Klebeband. Mit einer Gummi-

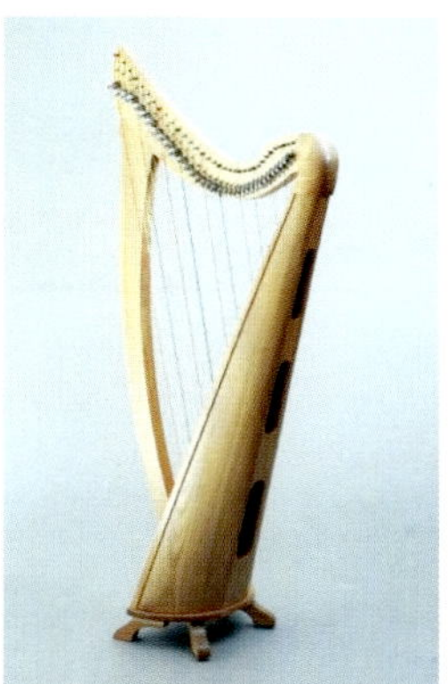

Irische Harfe

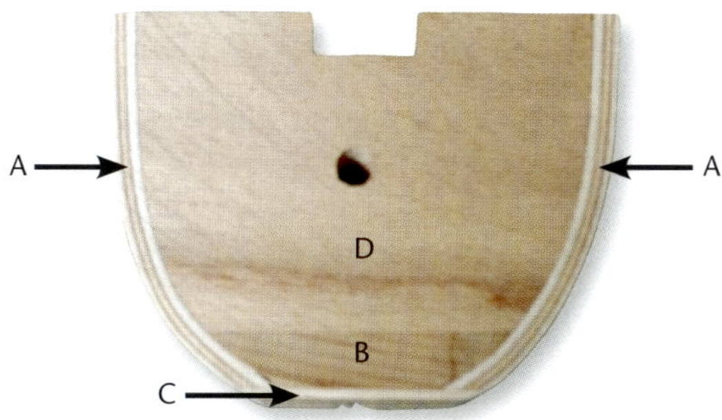

Querschnitt durch das Ende eines Harfenkorpus. Rechts und links erkennt man die gebogenen, schichtverleimten Zargenhälften A, unten der angeleimte Boden B, der mit einem Furnier C abgedeckt ist. Ein seitlicher Deckel D verschließt den Korpus. Er wird später von oben noch mit der Decke aus Fichtenholz verschlossen.

Lagenweiser Aufbau der Zarge. Außen ein Kirschholz-Sägefurnier, innen ein Ahornfurnier und als Mittellage ein Pappelsperrholz.

Innenform zum Biegen der Zargen für eine Irische Harfe.

matte und einer Spanneinrichtung presst er den Verbund gegen den Formkörper. Da er zuvor die Kontaktflächen zwischen den Zargenhälften und dem Boden, sowie dem kleineren Deckel mit Leim beschichtet hat, werden diese mit verklebt. Nur der große Deckel wird nicht verleimt. Nachdem der Leim ausgehärtet ist, werden die Schraubverbindungen gelöst und der große Deckel entfernt. Durch die entstandene Öffnung wird die Form entnommen. Zum Schluss wird der große Deckel ebenfalls eingeleimt. Henrik Schupp verwendet, um zeitlich nicht unter Druck zu kommen, PVA-Leim mit einer langen offenen Zeit, z. B. Bindan 30.

Die Furnierlagen werden in eine Form eingelegt und mit Vakuum verpresst.

Leimen mit einer Außenform

Eine andere Herstellmöglichkeit für den Resonanzkörper ist das Formen von zwei einzelnen Zargensegmenten, die anschließend mit dem Boden und den Deckeln verleimt werden. Bei diesem Verfahren verwendet Henrik Schupp eine Außenform.

Eine Sperrholzschale, mit der Kontur der Resonanzkörperhälfte, bildet die Form. Die einzelnen Furnierlagen schneidet er auf Maß, beleimt sie mit PU-Leim und legt sie in die Form. Die Furniere positioniert er mit Klebeband, damit sie sich beim Anpressen nicht verschieben können. Die bestückte Form schiebt er in einen Plastiksack und verschließt ihn luftdicht. In den Sack ist ein Ventil eingeklebt. Über das evakuiert er, mittels einer Vakuumpumpe, den Plastiksack. Der nun wirkende atmosphärische Luftdruck presst die Furnierlagen gegen die Form. Bei einem Unterdruck von 0,8 bar entsteht eine Presskraft von 8 t/m^2. Nach ca. 5 Stunden Presszeit ist der PU-Leim abgebunden, und das Werkstück wird der Form entnommen.

16.5 Gebogenes Holz beim Klavier- und Flügelbau

Im 18. Jahrhundert entwickelte Bartolomeo di Francesco Cristofori in Florenz ein Tasteninstrument, das er nach seiner Wirkungsweise „piano und forte“ – leise und laut – Pianoforte nannte. Es war das erste Hammerklavier, der Vorläufer unserer heutigen Klaviere und Flügel. Noch heute bezeichnet man einen Flügel als „Pianoforte“ und das Klavier als „Pianino“.

Der Klang eines Klaviers oder Flügels entsteht durch das Schwingen der angeschlagenen Saiten. Die Schwingungen werden durch das Mitschwingen des Instrumentenkorpus verstärkt. Der Aufbau des Korpus ist von besonderer Bedeutung für die Klangqualität. Seit über hundertfünfzig Jahren hat die Fa. Steinway & Sons Erfahrung im Bau von Tasteninstrumenten gesammelt.

Das aus Hartholzschichten gebogene Gehäuse eines Flügels, der sogenannte Rim, bildet die solide Grundla-

Ein Steinway-Flügel, das Gehäuse gebogen aus edlem Holz

ge für den Einbau aller übrigen Konstruktionselemente. Der Rim besteht aus bis zu 20 Lagen ca. 4 mm dickem Laubholz, die in einem Arbeitsgang geformt und verleimt werden. Nur Mahagoni und Ahorn kommen beim Formen zum Einsatz. Die äußere, sichtbare Lage des Rim bestehet aus einem Edelholzfurnier.

Für die Rimproduktion werden ausschließlich sorgfältig ausgewählte Massivhölzer verwendet. Sie werden ca. 2 Jahre luftgetrocknet. Nach dem Verleimen lagern die Rohlinge ca. 6 Monate, bevor sie weiterverarbeitet werden.

Die einzelnen Holzlagen werden mit Leim beaufschlagt, in ein Metallband eingebunden und um eine Form gebogen.

Die gebogenen Rohlinge werden ca. 6 Monate gelagert, um alle internen Spannungen abzubauen, bevor sie weiter bearbeitet werden.

Weiterverarbeitung des Rahmens.

Auch Innenteile wie der Resonanzbodensteg bestehen aus gebogenem Holz.

STEINWAY & SONS

Der Bogen über der Zufahrt zur Fa. Gebr. Schütt KG zeigt, welche Produkte hier entstehen.

17. Anwendung von gebogenem Holz bei der Brettschichtholzproduktion

Ein gutes Beispiel für die Verwendung von gebogenem Schichtholz ist die Herstellung von Leimbindern für Tragwerkkonstruktionen. Das Familienunternehmen Gebr. Schütt KG produziert sie seit ca. 1960 in der Nähe von Brunsbüttel

Gebogenes Schichtholz ermöglicht eine gestalterische Vielfalt in der Architektur. Hohe Tragfähigkeit, bei geringem Gewicht, zeichnet den Baustoff aus. Schlanke Trägerformen verleihen den damit errichteten Objekten ein elegantes Erscheinungsbild.

Die Stärke der Firma Schütt liegt darin, alles, vom Entwurf bis zur Fertigmontage, aus einer Hand anbieten zu können. Die Kernkompetenz ist die Erstellung von Brettschichtholzträgern.

Die Herstellung beginnt mit dem Entwurf und der statischen Dimensionierung der Träger.

Die Biegeform besteht aus einzelnen Winkeln, die entsprechend dem Biegeradius auf im Hallenboden eingelassenen Schienen verschraubt sind.

Die Einzelbretter werden mittels Keilzinkenverbindungen zu beliebig langen Lamellen verklebt.

Die Lamellen werden allseitig gehobelt, Kleber und Härter einseitig aufgetragen.

Entsprechend der Konstruktionszeichnung wird eine Biegeform erstellt. Sie besteht aus einer Vielzahl von Stahlwinkeln, gegen die das Holz Schicht für Schicht gepresst werden kann. Den Krümmungsradius beschreibend werden sie auf Schienen befestigt, die im Hallenboden verankert sind.

Fichtenbretter werden in einer Trockenkammer auf 8 bis 12 % Holzfeuchtigkeit getrocknet. Vor der Verarbeitung zu Trägern wird jedes Brett automatisch auf Feuchtigkeit geprüft. Abweichend feuchte Bretter werden aussortiert. Auf diese Weise wird sichergestellt, dass beim verklebten Brettschichtholz keine Schäden auftreten. Außerdem werden durch visuelle Kontrolle Holzfehler erkannt und gekennzeichnet. Ein Sägeautomat schneidet die als fehlerhaft gekennzeichneten Bereiche aus. Die unterschiedlich langen Bretter werden an den Stirnseiten keilgezinkt und aneinander geleimt. So entstehen beliebig lange Elemente, sogenannte Lamellen.

In einer Vierseitenhobelmaschine werden die Lamellen auf Maß gehobelt. Die Brettstärke ist abhängig vom Biegeradius. Um das Risiko des Bruchs zu vermeiden und die Biegekräfte in Grenzen zu halten, ist der kleinste Biegeradius in der Regel die 230-fache Lamellenstärke. Nur bei kleinen Radien geht man auf die 150-fache Stärke. Mit 6 mm dicken Lamellen können Krümmungsradien von 0,90 m realisiert werden, während man mit 40 mm dickem Holz Radien von 9,20 m biegen kann.

Eine Breitseite der Lamellen wird mit 2-Komponentenklebstoff beschichtet. Kleber und Härter werden über separate Düsen aufgetragen, jedoch nicht vermischt. Die Vermischung erfolgt erst beim Verpressen der Lamellen. Dadurch wird vorzeitiges Abbinden vermieden. Abhängig von der Raumtemperatur kann durch Dosierung des Härters die Reaktionsgeschwindigkeit des Klebstoffes bestimmt werden.

Bei Tragwerkkonstruktionen sind Klebstoff, Holzqualität, Biegeradius und vieles mehr genormt und in einem Regelwerk festgeschrieben. Dessen Einhaltung wird vom Hersteller dokumentiert und von anerkannten Prüfinstituten überwacht.

Die mit Klebstoff benetzten Lamellen werden so in die Form gelegt, dass sie ein Schichtpaket ergeben.

Die Pressung des Paketes erfolgt mit einer Vielzahl von Spannelementen gegen senkrechte Schenkel. Die Presskraft wird mit einem definierten Drehmoment durch Gewindespindeln aufgebracht.

Beim Anpressen vermischen sich die Klebstoffkomponenten und beginnen auszuhärten. Ist der Kleber durchgehärtet, wird das Werkstück aus der Form genommen. Nachdem alle Seiten gehobelt sind, werden die Träger auf Länge gesägt und mit einem Schutzanstrich versehen. Der fertige Brettschichtholzträger, ein Produkt, das kaum reißt und sich nicht verdreht, steht zur Montage bereit.

Die mit Kleber benetzten Lamellen lassen sich leicht biegen. Sie werden als Schichtpaket in die Form gelegt.

Das Lamellenpaket wird verpresst. Mit Gewindespindeln wird die Presskraft aufgebracht.

Montage der Brettschichtholzträger.

18. Formpressen von Furnieren

Elegante Formteile mit hoher Festigkeit, beispielsweise für Sitzmöbel, werden durch das Formpressen von mehreren Furnierlagen hergestellt.

Die Fa. Becker in Brakel hat sich auf deren Fertigung spezialisiert und liefert Formteile als Rohlinge an viele namhafte Möbelhersteller.

Ausgangsmaterial für die Formholzproduktion ist in der Regel ein Buchenholzfurnier.

Buche wird bevorzugt eingesetzt, da sie von den gängigen heimischen Holzarten die besten Festigkeitswerte aufweist und als nachwachsender Rohstoff ausreichend kostengünstig zur Verfügung steht.

Die Firma Becker produziert die Furniere selbst, indem sie Buchenholzstämme dämpft, zu Furnieren schält, sortiert und auf eine Holzfeuchtigkeit von 3 % bis 5 % trocknet. Da das Holz beim späteren Verleimen Feuchtigkeit aus dem Leim aufnimmt, ergibt sich eine Holzfeuchtigkeit von 7 % bis 8 % im fertigen Werkstück. Das entspricht der Ausgleichsfeuchte für ein normales Wohnraumklima. Da die Furnierdicke den kleinstmöglichen Biegeradius des Formteiles bestimmt, werden Furniere in verschiedenen Stärken produziert.

Für Werkstücke, deren Querschnitt sich verjüngt, werden die Furnierenden geschäftet. Das heißt, um gleichmäßige Übergänge zu erreichen wird die Furnierdicke reduziert.

Elegante Sitzmöbel aus formgepressten Furnierlagen hergestellt

Festigkeitsvergleich heimischer Laubhölzer

Holzart	Zugfestigkeit	Druckfestigkeit	Biegefestigkeit	Scherfestigkeit	Härte
Ahorn	82	49	95	9	67
Eiche	110	52	95	11,5	69
Esche	130	50	105	13	76
Buche	135	60	120	10	78

Festigkeitswerte in N/mm^2 bei Belastung in Faserrichtung
Holzfeuchtigkeit 10 –15 %

Die Sitzfläche dieses dreidimensional geformten Sitzes wird überpolstert und Risse im Furnier überdeckt.

Formbarkeit von Buchenschälfurnieren

Kleinster Biegeradius bei einem 90°-Winkel

Furnier	Innenradius
0,8 mm	12 mm
1,1 mm	15 mm
1,5 mm	18 mm
2,3 mm	28 mm

Aus 3D-Furnier hergestellte Sitzschale

Je nach Verwendungszweck werden die Furnierlagen unterschiedlich zusammengesetzt.

- Bei Sperrholz liegen die Furniere kreuzweise zur Faserrichtung übereinander. Dieser Verbund weist eine hohe Steifigkeit aus und wird vorzugsweise für Sitzschalen verwendet.
- Beim Schichtholz verläuft die Faser in allen Furnierlagen parallel. Dadurch hält der Verbund hohe Zugbelastung aus, gibt federnd nach und schwingt bei Entlastung in seine alte Form zurück. Das ist die ideale Konstruktion für sogenannte Freischwinger.

Die Form des Werkstückes wird durch das Presswerkzeug bestimmt. Abhängig von der Komplexität der Formung werden Werkzeuge eingesetzt, bei denen die Presskraft von einer oder mehreren Seiten aufgebracht wird. Relativ einfach ist die Herstellung von zweidimensional geformten Teilen. Für ergonomische Sitzmöbel ist jedoch eine dreidimensionale Formung notwendig. Werden die Formteile später mit einem Polster überdeckt, sind der Formbarkeit kaum Grenzen gesetzt. Stauchungen oder Risse, die beim Formen in den besonders beanspruchten Zonen entstehen, werden mit dem Polster verdeckt.

Sollen Werkstücke Sichtholzqualität haben, ist die Formbarkeit eingeschränkt, da normale Furniere nur geringfügig in drei Dimensionen formbar sind. Zur Abschätzung der Verformbarkeit gilt als Faustregel:

Alles was mit einer dünnen Pappe formbar ist, ohne zu knicken oder zu reißen, kann auch als Sperrholz-Formteil in Sichtholzqualität hergestellt werden.

Sind große Verformungen erforderlich, werden diese mit sogenannten 3D-Furnieren realisiert. Dabei handelt es sich um Furniere, die in Faserrichtung zu dünnen Streifen geschnitten und mittels Leimfäden wieder elastisch miteinander verbunden werden, sodass das ursprüngliche Furnierbild erhalten bleibt.

Beim Verformen passen sich die einzelnen Streifen der Kontur an, ohne dass es zu Falten- oder Rissbildung kommt. Selbst Kugelabschnitte können mit 3D-Furnieren in Sichtholzqualität hergestellt werden.

Das Presswerkzeug, zwei- oder mehrteilig, ist stückzahlabhängig aus Holz oder Aluminium gefertigt.

Als Klebstoff wird ein Harnstoff-Formaldehyd-Harz verwendet. Er härtet irreversibel duroplastisch aus, eine wichtige Voraussetzung für die Festigkeit und Formstabilität der Bauteile. Die Presswerkzeuge werden auf Temperaturen zwischen 90 °C und 120 °C aufgeheizt, um die Aushärtung des Klebstoffes zu steuern.

Presszeit und Temperatur hängen von den Werkstückdicken ab. Für ein 20 mm dickes Teil benötigt man beispielsweise ca. 18 Minuten Presszeit, bei einer Temperatur von 100 °C.

Die mit Klebstoff beschichteten Furniere werden mit hohem Druck, 150 N/cm^2 bis 350 N/cm^2, in hydraulischen Pressen geformt.

Nach dem Pressen werden die Formteile mechanisch besäumt. Die meist komplexen geometrischen Formen werden mit CNC-gesteuerten Maschinen bearbeitet.

Zweiteiliges Presswerkzeug

Ein vierteiliges Presswerkzeug

Die klebstoffbeschichteten Furniere werden in die Presse gelegt.

Die Furnierlage wird ausgerichtet.

Unbearbeitete Rohlinge

Das Presswerkzeug wird geschlossen.

Der verklebte Rohling

19. Thonet heute

Als Michael Thonet vor 150 Jahren den „Consumsessel Nr. 14“ vorstellte, ahnte er nicht, dass das der am meisten produzierte Stuhl aller Zeiten werden sollte. Noch heute wird er, der inzwischen die Bezeichnung 214 trägt, von der Fa. Thonet im hessischen Frankenberg produziert. Über 50 Mio. Stück wurden gebaut und die Nachfrage ist ungebrochen. Gegenüber dem Urmodell hat dieses Sitzmöbel 1960 nur eine Änderung erfahren. Die ursprünglich kreisrunde Sitzform wurde leicht verändert, um einen höheren Sitzkomfort zu bieten.

An der Fertigungsmethode hat sich nichts geändert. Rundhölzer werden durch Dampf biegsam gemacht und dann in einer Metallform gebogen. Dabei kommt das, einst von Michael Thonet zum Patent angemeldete Biegeband zum Einsatz. Zum Trocknen bleiben die Hölzer mehrere Tage in der Form, danach sind sie formstabil.

In der Produktion wird speziell ausgesuchtes Buchenholz verwendet (Von: „gebogenes Buchenholz“ ist der Name „Bugholz-Möbel“ abgeleitet). Es darf nicht zu feine Jahresringe haben und keinen Rotkern. Die Stämme werden mit einer Blockbandsäge zu Vierkantleisten, mit stehenden Jahresringen, aufgeschnitten und auf der Drehbank zu Rundhölzern gedreht. Das frische Holz wird ca. 2 Stunden gewässert, bevor es weitere 4 Stunden mit Dampf behandelt wird. Danach ist es biegeweich und bereit zur Verformung.

Nach dem Formen wird das Holz sorgfältig und langsam bis auf 8 % Holzfeuchtigkeit heruntergetrocknet.

In einer speziellen Drehmaschine wird die zylindrische Form der Rohlinge nachbearbeitet und anschließend geschliffen. Ein Stuhl besteht aus 6 gebogenen Teilen, die miteinander verschraubt werden. Die Einzelteile können platzsparend in Kisten verpackt und in die ganze Welt exportiert werden. In eine Kiste mit einem Kubikmeter Volumen passen 36 zerlegte Stühle. Die kostengünstige Lösung für Montage, Transport und Lagerung war von Anfang an ein Erfolg. Beim Händler

Stuhl 214 ein Klassiker mehr als 50 millionenfach produziert (Design: Michael Thonet, 1859)

Stuhl 214k mit verknotetem Stuhlbein

Mit Dampf erweichte Buchenholzstäbe werden um eine Metallform gebogen.

Biegeband mit Einspannmöglichkeit. Deutlich erkennbar sind die Gewindespindeln, mit denen das Holz eingespannt wird, um eine Dehnung an der Außenkrümmung zu vermeiden.

vor Ort werden die Stühle montiert und an die Kunden ausgeliefert.

Eine weitere Modifikation erfuhr der Stuhl 214, als man 1983 dazu überging, nach dem Prinzip „Knoten im Taschentuch", ein Stuhlbein mit einem Knoten zu versehen. Der Knoten wird – wie könnte es anders sein – mittels Dampf gebogen, allerdings nicht in einem Stück. Zwei Knotenschlaufen werden mit einer Keilzinkenverbindung verleimt.

Neben den Klassikern werden heute bei Thonet auch Stühle in modernem Design, aber immer noch nach der alten Methode des Dampfbiegens hergestellt. Dabei steigert man die Attraktivität der Produkte durch die elegante Kombination von Holz und Stahl.

Der Werkstoff Holz spielt bei Thonet nach wie vor die Hauptrolle. Neben dampfgebogenen Hölzern werden auch geformte Furnierlagen, sogenanntes Formholz, zu Sitzmöbeln verarbeitet.

Bei der Produktion von Sitzmöbeln in modernem Design ist die handwerkliche Fertigung ein qualitätsentscheidender Schritt geblieben. Das Familienunternehmen Thonet, das nun in der fünften Generation Sitzmöbel herstellt, gilt weltweit als Pionier des Möbeldesigns. Die namhaftesten Innenarchitekten und Desig-

Stuhl A 660 „Loop Chair" (Design: James Irvine, 2004) überzeugt durch seine Schlichtheit in der Form. Kern des Entwurfs ist ein umlaufender Rahmen aus vier gebogenen Hölzern, die zu einem Teil verleimt sind.

ner sind: Stefan Diez, Norman Foster, James Irvine und Glen Oliver Löw sowie die Designbüros „Jehs & Laub" und „Lepper, Schmidt, Sommerlade". Einen guten Überblick über die Kreativität des Unternehmens während der vergangenen 180 Jahre kann sich der Besucher des Thonetmuseums in Frankenberg verschaffen.

Rundhölzer werden durch Dampf biegeweich.

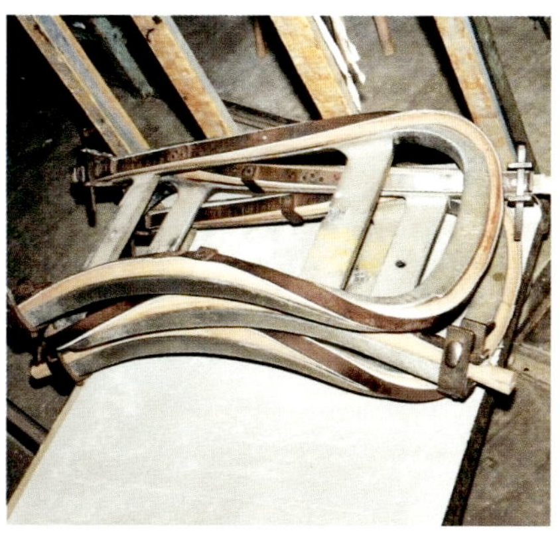

Das gebogene Holz bleibt in der Metallform eingespannt, bis es trocken ist.

36 zerlegte Stühle passen in eine Kiste von 1 m^3.

S 850, Armlehnenstuhl mit hoher Rückenlehne und zweiteiliger Formsperrholzschale (Design: Lepper, Schmidt, Sommerlade, 2006)

S 840, Armlehnenstuhl mit zweiteiliger Formsperrholzschale aus Buche (Design: Lepper, Schmidt, Sommerlade, 2006)

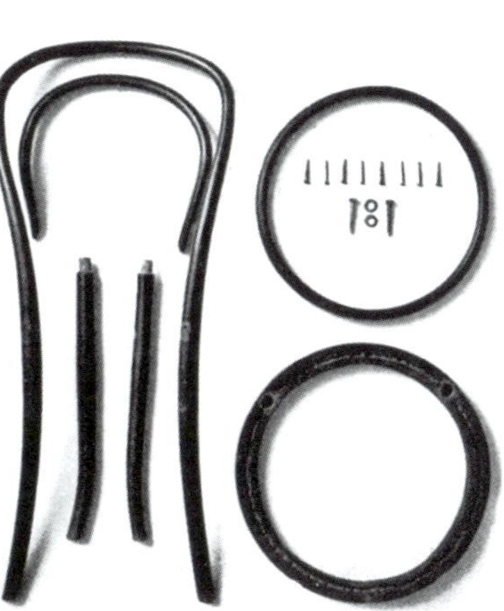

Das Originalmodell „Stuhl 14" in seinen Einzelteilen, die erst beim Händler vor Ort montiert werden.

20. Rattan biegen

Eine Besonderheit des Holzbiegens ist das Formen von Rattan. Rattan ist kein Holz im strengen Sinn der im Anhang beschriebenen Holzarten, weil es nicht von Bäumen stammt, sondern von den Stängeln lianenartiger Rattanpalmen. Die oft seilartig gewundenen und dornen-, stachel- oder auch borstenbesetzten Stängel sind über ihre gesamte Länge annähernd gleich dick. Sie haben einen Durchmesser von 1 cm bis 5 cm und erreichen nach zehn Jahren ungefähr eine Wachstumshöhe von 30 Metern. Auf ihrem Querschnitt sind unschwer die gleichförmig verteilten rohrförmigen Gefäße, die den Leitbündeln der Laubbäume entsprechen, zu erkennen. Die chemische Beschaffenheit des Rattans ist der des Laubholzes artverwandt, jedoch mit einigen Modifikationen. Der Cellulosegehalt ist geringer, das Lignin ähnelt zwar dem der Laubhölzer, kommt aber nur in geringerer Menge vor.

Die zerstreutporige Struktur, wobei die Poren große Durchmesser haben, ist verantwortlich für die physikalischen Eigenschaften des Rattans. Leichtigkeit, Elastizität, Strapazier- und Biegefähigkeit zeichnen es aus. Seine Verwitterungsbeständigkeit ist auf einen hohen Ölgehalt in dem Material zurückzuführen. Nach der Ernte werden die Stängel geschält, gerichtet und getrocknet. Als „Stangen" kommen sie in den Handel.

Mit einer Flamme erwärmt, kann man Rattan leicht biegen.

Rattan besteht aus röhrenförmigen Holzfasern, die parallel verlaufen.

Das gebogene Holz wird fixiert, bis es abgekühlt ist, danach behält es seine Form ohne zurückzufedern.

Rattan wird unter Hitzeeinwirkung biegeweich und eignet sich besonders für die Herstellung von Korbwaren und leichten, gebogenen Möbeln. Auf deren Herstellung hat sich das Korbmachermeisterpaar Ursula und Hansgert Butterweck in Beverungen-Dalhausen spezialisiert. Sie haben sich sinnvolle Gestaltung, Funktionalität und hochwertige Verarbeitung auf „ihre Fahnen" geschrieben. Den Schwerpunkt ihrer Arbeit bilden der Entwurf und die Fertigung von Flechtmöbeln. Beispiele ihrer Handwerkskunst kann man in einer Dauerausstellung im Korbmachermuseum in Beverungen-Dalhausen sehen.

Ausgangsmaterial der Fertigung sind handelsübliche Rattanstangen. Sie werden mit einem Gasbrenner im Biegebereich erwärmt und können dann problemlos gebogen werden. Dazu wird eine Stange in einen Schraubstock eingespannt, erwärmt und das freie Ende von Hand gebogen. Ein Hebel, in Form eines Holzes mit Bohrung, in die die Rattanstange passt, verstärkt die Biegekraft. Weitere Hilfsmittel wie ein Biegeband sind in der Regel nicht erforderlich.

Durch die Wärmeeinwirkung wird die Bindung der einzelnen Gewebeteile – der länglichen und großporigen Gefäße, der Faser- und Parenchymzellen – untereinander reduziert. Sie können sich zueinander verschieben und einzeln längen oder stauchen. So können große Querschnitte gebogen werden, ohne dass die Zugfestig-

Beispiele von Möbeln aus gebogenem Rattan. Gefertigt in der Werkstatt Butterweck und ausgestellt im Korbmachermuseum Beverungen-Dalhausen.

keit der Fasern überschritten wird. Bis das gebogene Werkstück abgekühlt ist, muss es fixiert werden. Danach bleibt die Biegung dauerhaft bestehen. Die Bindung der einzelnen Zellen untereinander ist nach dem Abkühlen wieder hergestellt. Das Erwärmen mit der offenen Flamme bedarf einiger Übung, weil das Material leicht angesengt werden kann. Kleinere Ansengspuren können durch Schleifen der Oberfläche beseitigt werden.

Eine Alternative zur Plastifizierung des Materials ist die Behandlung mit Dampf. Insbesondere zur Erzeugung von reproduzierbaren Biegeradien empfiehlt sich diese Methode. Das mit Dampf erweichte Material kann leicht um eine Form gebogen werden. Wird es auf der Form bis zur Erkaltung fixiert, behält es die Biegung. Die gebogenen Einzelteile werden, je nach Verwendung, miteinander verbunden. So entstehen Möbel mit rahmenförmigen Elementen, die mit Flechtwerk geschlossen werden. Durch die Variationen zahlreicher Flechtstrukturen und verschiedener Textilien entstehen Möbel mit einem Hauch von Exotik. Der Formenvielfalt der Rattanmöbel sind keine Grenzen gesetzt.

21. Körbe aus geformtem Holz

Ein schönes Beispiel für die Verwendung von „gekochtem“ Holz ist die Herstellung von „Nantucket Lightship Baskets“. Diese Korbart wurde zu Beginn des 19. Jahrhunderts von der Besatzung des vor der Insel Nantucket (südlich Boston/USA) liegenden Feuerschiffes erstmals gefertigt. Ihre zeitlose Form und die verschiedenen Größen, als sogenannte Nester ineinander stapelbar, machten sie zu einem beliebten Gebrauchsgegenstand. Was ursprünglich ein Zubrot der Feuerschiffsbesatzung war, wird heute liebevoll als Kunsthandwerk gepflegt und wurde durch eine Vielzahl von zusätzlichen Formvarianten ergänzt.

Die Besonderheit der Körbe ist ein Gerüst aus gebogenen Hölzern. Ca. 2 mm dicke und je nach Korbgröße 5 bis 20 mm breite Hartholzstreifen, meist aus Eichen-, Kirsch-, Walnuss- oder Ahornholz, werden in heißem Wasser „gekocht“ und um einen Formkörper gebogen. Dazu wird der Holzstreifen, der an einem Ende konisch zuläuft, mit diesem Ende in eine umlaufende Nut der Bodenplatte befestigt, die wiederum an den Formboden geschraubt ist und das andere Ende gebogen und mit einem Gummiband gegen die Form gepresst. Die Länge der Streifen wird so gewählt, dass sie über den Formrand hinaus ragen.

Der Formkörper hat senkrechte Markierungen, nach denen die Holzstreifen ausgerichtet werden. Nachdem die gesamte Formfläche mit einer ungeraden Anzahl von Streifen in ca. 2–3 mm Abstand bestückt ist, werden die Streifen nochmals mit einem nassen Tuch gewässert, um sie elastisch zu halten.

Als nächster Schritt werden die über den Formkörper hinaus ragenden Enden der Holzstreifen mit drei Reihen Rattanband provisorisch verflochten. Damit wird die senkrechte Position der Streifen gesichert und verhindert, dass sie sich beim weiteren Flechten des Korbes verziehen.

Neun ineinander passende Körbe bilden ein sogenanntes Nest.

Form und Bodenplatte für einen runden Korb. Die Bodenplatte wird auf die Form geschraubt. Die Form ist aus Segmenten so verleimt, dass senkrechte Markierungen entstehen, an denen die Holzstreifen ausgerichtet werden.

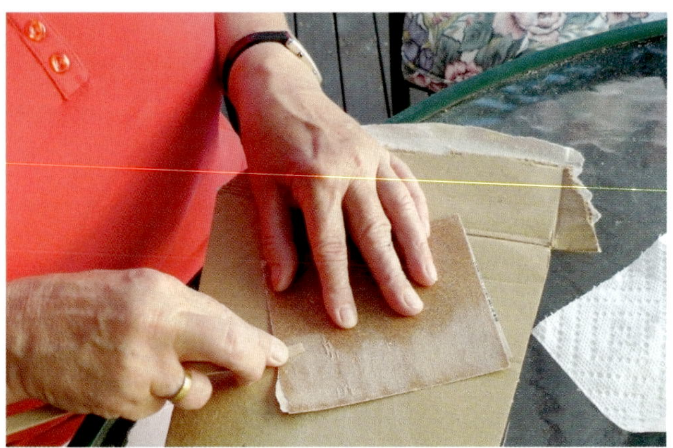

Die Holzstreifen werden an einem Ende konisch zugeschnitten und verputzt.

Die Holzstreifen werden im Biegebereich „gekocht".

Die auf die Form geschraubte Bodenplatte hat am Umfang eine Nut. Der gebogene Holzstreifen wird an einem Ende in der Nut, am anderen Ende mit einem Gummiband fixiert.

Alle Holzstreifen werden mit einem nassen Tuch gewässert, damit sie elastisch bleiben.

Die Rattanstreifen werden durch heißes Wasser elastisch.

Nun beginnt die eigentliche Flechtarbeit. Rattanstreifen, je nach Korbgröße 1,5 bis 3,5 mm breit, werden für einige Minuten in einen Behälter mit heißem Wasser getaucht. So werden sie elastisch und können leicht geflochten werden.

Zum Flechten der ersten Reihe wird jeder zweite Holzstreifen aus der Nut genommen, das Rattan untergelegt und der Holzstreifen wieder in die Nut geschoben. Ab der zweiten Reihe muss das Rattan zwischen Form und Holzstreifen durchgeschoben werden. Dazu wird jeder zweite Holzstreifen etwas nach oben geschoben, um einen Freiraum zwischen Form und Streifen zu schaffen, durch den das Rattan leicht zu weben ist.

Nachdem ca. 10 Reihen geflochten sind, ist der Verbund stabil. Die provisorisch geflochtenen Reihen am Ende der Form können entfernt werden, und die weiteren Flechtreihen werden über die freien Enden der Holzstreifen eingebracht. Dadurch wird die Flechtarbeit deutlich erleichtert.

Nachdem der Korb bis zur gewünschten Höhe geflochten ist, wird als Abschluss ein Rand aus gebogenem Holz angeleimt. Der Rand besteht aus zwei Reifen, die innen und außen mit den überstehenden Holzstreifen verleimt werden.

Die Reifen werden aus halbrund gefrästen Hartholzleisten, in diesem Fall Kirschholz, gebogen. Dazu wird das Holz „gekocht" und um einen Formkörper von Hand gebogen. Die geschäfteten Leistenenden werden zu einem geschlossenen Ring verleimt. Durch die Schäftung ist eine Durchmesseranpassung an den Korb möglich. Zuerst wird der Innenring angepasst und zu einem Ring verleimt. Der Ring wird danach an seiner Außenfläche beleimt und in dem Korb positioniert. Der äußere Ring mit nicht verleimter Schäftung wird innen beleimt und von außen um den Korb gelegt, sodass beide Ringe übereinander liegen. Mit einem Spannband wird der äußere Ring mit dem inneren verpresst, wobei die Korbstreifen durch beide Ringe eingebunden werden.

Nachdem der Leim abgebunden hat, werden die überstehenden Holzstreifen bündig geschnitten und verputzt. Mit einem Ziergeflecht wird der Rand versehen. Dabei wird ein Rattanstreifen so eingeflochten, dass er den Spalt zwischen den beiden Ringen abdeckt.

Eine weitere Kirschholzleiste wird „gekocht" und um einen Halbkreis gebogen. Aus ihr wird der Korbhenkel gefertigt. Die Schenkellänge wird angepasst, das Holz etwas abgerundet und mit dem Korb im Bereich der Ringe vernietet.

Mit einer provisorischen Flechtung werden die Holzstreifen in Position gehalten.

Beim Flechten der ersten Reihe wird jeder zweite Streifen aus der Nut gezogen und das Rattan untergelegt.

Nachdem einige Reihen geflochten sind, kann die Flechtung am Ende der Streifen entfernt werden. Damit wird der Flechtvorgang einfacher.

Kirschholzleisten werden „gekocht" und von Hand um eine Form gebogen.

Kirschholzleisten wurden zu Ringen und Henkel gebogen.

Die Reifenenden sind geschäftet und erlauben eine Durchmesseranpassung.

Der innere Reifen wird im Durchmesser angepasst und zu einem geschlossenen Ring verleimt.

Den Korbabschluss bildet ein Ring aus gebogenem Holz. Der beleimte Innenring wird positioniert.

Der beleimte, noch offene Außenring wird mit einem Spannband verpresst, sodass eine feste Leimverbindung zwischen Innenring, Holzstreifen und Außenring entsteht.

Die überstehenden Holzstreifen wurden bündig geschnitten und verputzt. Es ist ein sehr formstabiler Körper entstanden.

Mit einem Rattanstreifen wird der Spalt abgedeckt und mit einem Ziergeflecht gehalten. Der Henkel wird mit dem Korb vernietet.

Der fertige Korb

Anhang

In erster Linie ist das Buch für Praktiker der Holzbearbeitung geschrieben. Oft haben sie eine ablehnende Haltung gegenüber theoretischen Betrachtungen. Die praktische Erfahrung zeigt jedoch, dass es beim Thema Holzformen hilfreich ist, die Vorgänge und Veränderungen im Holz während des Biegens zu verstehen. So sind die Grenzen der Formbarkeit abzuschätzen und Fehler zu vermeiden. Manche unangenehme Überraschung bleibt erspart.

A1 Was bei der Beurteilung von Holz und seinen Eigenschaften zu beachten ist

Soll Holz geformt werden, muss man mit den Eigenschaften, insbesondere den mechanischen, der verschiedenen Holzarten vertraut sein. Holz ist kein gleichmäßiger, homogener Stoff mit einheitlichem Gefüge, sondern ein Gewebe aus sehr verschiedenen Zellen. Die Beschreibung der mechanischen Eigenschaften erfolgt zuverlässig nur durch statistische Methoden. Einflüsse wie Standort, Klima, der Wettbewerb mit anderen Bäumen um Licht und Nährstoffe oder Schädlingsbefall bestimmen die Beschaffenheit von Holz in starkem Maße.

Es ist daher notwendig, eine Vielzahl verschiedener Stämme der gleichen Holzart zu untersuchen, um deren Eigenschaften zu beschreiben. Für die meisten Holzarten ist das durch Prüfinstitute geschehen, und die Ergebnisse sind veröffentlicht. Das Resultat solcher Untersuchung wird oft graphisch als Häufigkeitsverteilung dargestellt.

Im Idealfall weist sie die Form einer „Glockenkurve" auf und enthält zwei wesentliche Aussagen:

- Der Mittelwert gibt an, welcher Wert einer Eigenschaft am häufigsten vorkommt, z. B. die Rohdichte von 0,42 g/cm^3 bei Fichtenholz.
- Die Breite der Kurve zeigt die Streuung auf, d. h. sie gibt Auskunft darüber, wie weit Werte einzelner Exemplare vom Mittelwert abweichen können.

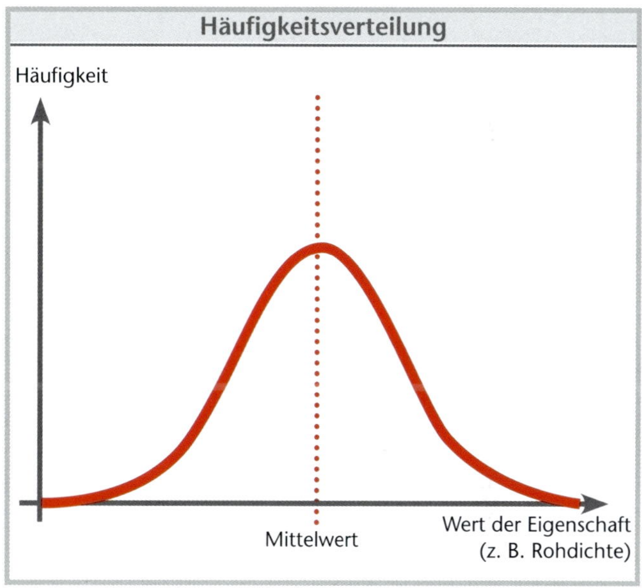

Graphische Darstellung einer Eigenschaft, z. B. der Rohdichte, als Häufigkeitsverteilung.

In den meisten Veröffentlichungen wird nur der Mittelwert einer Eigenschaft angegeben, obwohl die Streuung bei verschiedenen Holzarten erheblich sein kann. Vergleicht man z. B. die Rohdichte von Fichten- und

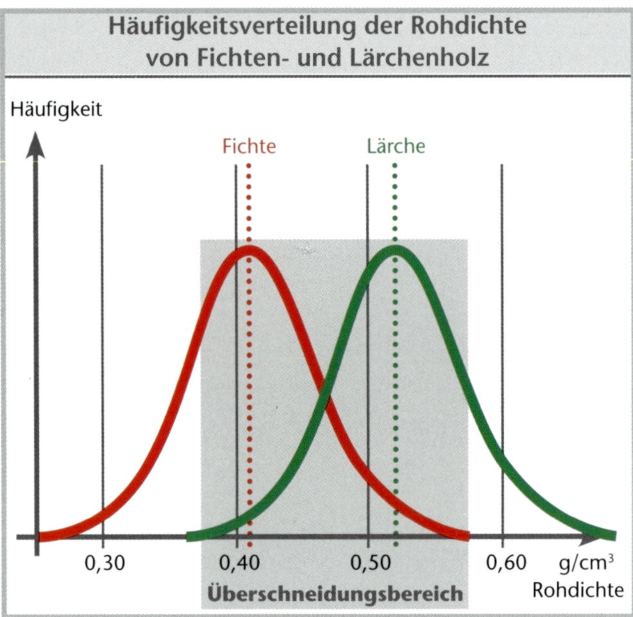

Das Diagramm zeigt: im Mittel ist Lärchenholz schwerer als Fichtenholz. Aber es kann einzelne Exemplare geben, wo es umgekehrt ist.

Lärchenholz, so unterscheiden sich die Mittelwerte deutlich (Bild links). Fichtenholz hat eine mittlere Rohdichte von 0,42 g/cm^3 und Lärchenholz eine von 0,54 g/cm^3; d. h. Lärchenholz ist in der Regel schwerer als Fichtenholz. Auf Grund der Häufigkeitsverteilungen gibt es jedoch Überschneidungen. Im Einzelfall ist es durchaus möglich, dass Fichtenholz „schwerer" als Lärchenholz ist.

Auch ohne Berücksichtigung der Streuung ist eine Beschreibung der Holzeigenschaft durch den Mittelwert hilfreich. Sagt er doch aus, dass die meisten Exemplare einer Holzart „wahrscheinlich" die beschriebene Eigenschaft haben und er erlaubt den Vergleich verschiedener Holzarten. Der Praktiker muss jedoch wissen, dass Abweichungen vom statistischen Mittelwert möglich sind. Manche „Überraschung" findet hierin ihre Erklärung.

In diesem Buch wird beim Vergleich von Holzeigenschaften weitgehend auf Zahlenwerte verzichtet. Anstatt dessen werden zum Vergleich graphische Mittel, z. B. Balkendiagramme, herangezogen. Das ist für die Praxis sinnvoll, geht es doch oft um die Frage, welche Holzart eignet sich am besten für eine bestimmte Anwendung. Die Abhängigkeit der Holzeigenschaften von anderen Faktoren, wie z. B. Feuchtigkeit oder Temperatur, werden graphisch durch Kurven beschrieben. Häufig sind nicht die absoluten Werte bei der Betrachtung wichtig, sondern ihr wechselseitiger Einfluss.

Anfang des 20. Jahrhunderts wurde kriegsbedingt der Werkstoff Holz für den Fahrzeug- und Flugzeugbau interessant. Da andere Werkstoffe nicht ausreichend bekannt bzw. vorhanden waren, musste das heimische Holz für viele Aufgaben herhalten. Systematisch wurden seine Eigenschaften von Industrie und Forschung untersucht. Die Ergebnisse hat Kollmann in dem Buch „Technologie des Holzes und der Holzwerkstoffe" zusammengefasst. Soweit diese für das Biegen von Holz von Interesse sind, werden sie stark vereinfacht – bevorzugt in graphischer Form – neben eigenen Erkenntnissen des Verfassers in diesem Buch wiedergegeben.

A2 Holz – der formbare Werkstoff

Holz ist ein Material, das sich durch Eigenschaften, wie Elastizität, Zähigkeit oder Härte auszeichnet. Mit diesen Eigenschaften erfüllt es die Voraussetzungen, um als formbarer Werkstoff eingesetzt zu werden. Hinzu kommt die Schönheit des Holzes, mit unterschiedlichen Farben, Maserungen, Duftnoten und Glanzwerten. Aufgrund der Vielfalt der Holzarten ein idealer Werkstoff, der sich leicht bearbeiten lässt und ein Gefühl der Wärme vermittelt. Das Farbspektrum reicht vom Weiß des Ahorns über das Rotgelb der Kiefer bis zum Schwarz des Ebenholzes.

Holz ist einer der beliebtesten Werkstoffe, seine Elastizität nutzen die Menschen seit Urzeiten, z. B. zur Herstellung von Bögen oder Angelruten. Die Möglichkeit es zu formen inspiriert Architekten, Möbeldesigner, Musikinstrumentenbauer, Bootsbauer, Handwerker und Künstler. Ein Armreif, gefertigt von der dänischen Schmuckdesignerin Mette Jensen, veranschaulicht vielleicht am besten, wie kreativ Holz formbar ist.

Holz ist ein Naturprodukt, das heißt, es ist auf biologischem Wege in Baumstämmen entstanden. Holz „lebt" nach dem Fällen des Baumes weiter, auch dann, wenn es bereits zu diversen Werkstücken verarbeitet wurde. Der Volksmund sagt: „Holz arbeitet". Das bedeutet: es quillt, wenn die Luftfeuchtigkeit der Umgebung zunimmt, und es schwindet in trockener Umgebung. Um zu verstehen, warum Holz „arbeitet" und warum es sich formen lässt, ist es nützlich, das Wachsen eines Baumes näher zu betrachten.

Beispiele des vielseitigen Farbspektrums der Hölzer

Gebogener Armreifen gefertigt von Mette Jensen (Foto Bendywood)

Wachstum eines Baumes

Ein Baum wächst im Durchmesser durch Anlagerung von immer neuen Zellreihen, die sich Jahr für Jahr von innen nach außen konzentrisch um einen Kern, das Mark, bilden.

Neue Zellen entstehen nur im Kambium, einer dünnen Haut teilungsfähiger Zellen, zwischen Borke und Holz. Dabei bilden sich zwei unterschiedliche Zellarten:

- Die nach außen wachsenden Zellen, die den Bast bilden, aus dem die Borke entsteht.
- Die nach innen wachsenden länglichen Zellen, die das Holz bilden.

Die Produktion der „Holzzellen" übersteigt die der „Bastholzzellen" um ein Vielfaches, sodass der Rindenanteil nur 5 bis 15 % der gesamten Stammmasse ausmacht.

Beim Holz unterscheidet man:

- Das hellere Holz in der Nähe des Kambiums, das sogenannte Splintholz.
- Das bei manchen Bäumen deutlich als dunkler Bereich wahrnehmbare innere Holz, das Kernholz.

In unseren geografischen Breiten ist das Wachstum, klimatisch bedingt, jahreszeitlich unterschiedlich intensiv.

- Im Frühsommer entstehen dünnwandige Zellen mit großem Innendurchmesser (Frühholz), die primär für die Wasserversorgung der Krone verantwortlich sind. Frühholz enthält ungefähr die doppelte Wassermenge wie Spätholz.

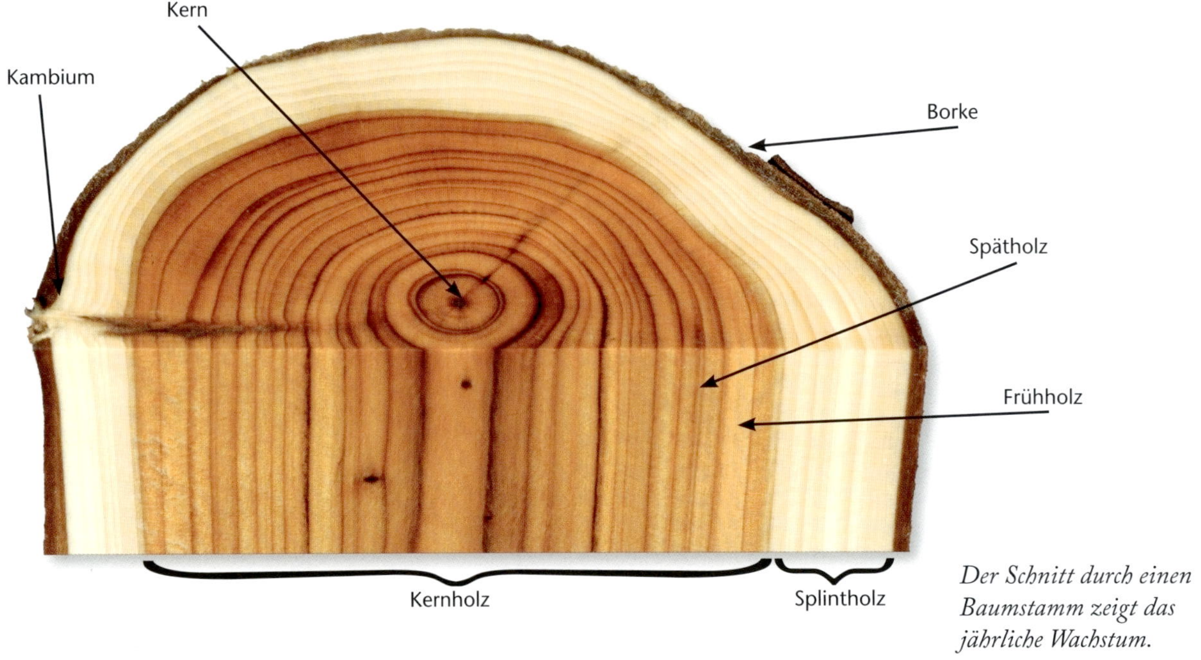

Der Schnitt durch einen Baumstamm zeigt das jährliche Wachstum.

- Im Spätsommer bilden sich dickwandige Zellen (Spätholz), die vorwiegend der Festigung dienen. Das Rohdichteverhältnis von Früh- zu Spätholz beträgt ca. 1:3. In der Regel ist das Spätholz dunkler.
- In den übrigen Jahreszeiten findet kein Wachstum statt. Die meisten Zellen des Baumes sterben im Spätherbst ab. Lediglich im Splintholz bleiben noch lebende Zellen erhalten, insbesondere im Bereich des Kambiums.

Die jährlich neu entstehenden konzentrischen Ringe aus Früh- und Spätholz, die mit bloßem Auge oder noch besser mit einer Lupe gut erkennbar sind, werden Jahresringe genannt. Bei Nadelbäumen ist die Früh-/Spätholz-Differenzierung deutlicher ausgeprägt als bei Laubbäumen. Eine Unterschied von Früh- und Spätholz tritt nur bei Bäumen auf, die in Gebieten mit ausgeprägten Jahreszeiten wachsen. Tropische Hölzer wachsen das ganze Jahr, ihnen fehlt die Früh- und Spätholz-Differenzierung.

Die Anzahl der Jahresringe gibt Aufschluss über das Alter des Baumes. Das Bild auf der folgenden Seite zeigt den Querschnitt eines 22 Jahre alten Baumes.

Frühholz erkennbar an der hellen Farbe, Spätholz ist der dunkelere Teil des Jahresringes.

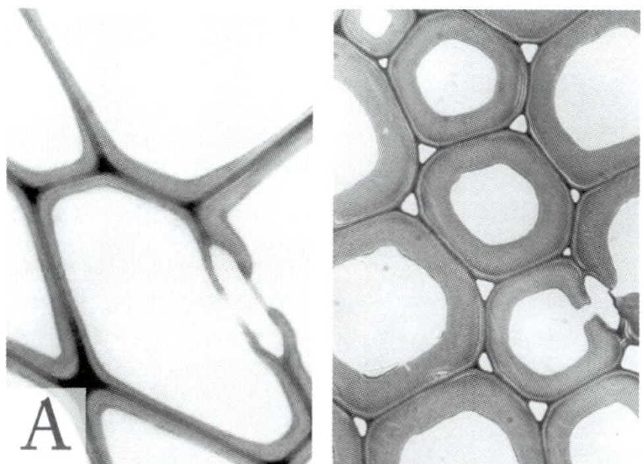

Frühholzzelle (links) und Spätholzzelle: Deutlich erkennbar ist der Unterschied der Zellwanddicke.

Die Frühholz-Spätholz-Differenzierung ist bei Nadelholz größer als bei Laubholz. Das linke Bild zeigt den Querschnitt durch Lärchenholz, deutlich setzen sich Früh- und Spätholz voneinander ab. Während bei Ahornholz die Jahresringe nur als feine waagrechte Linien erkennbar sind (rechtes Bild).

Deutlich erkennbar sind die 22 Jahresringe bei diesem Stamm. Kern- und Splintholz unterscheiden sich farblich.

Querschnitt durch einen Eibenholzstamm. Die unterschiedlich breiten Jahresringe erlauben Rückschlüsse auf die klimatischen Bedingungen während des Wachstums. Trockene und kalte Jahre führen zu dünnen Jahresringen, während nasse und warme Jahre breite Jahresringe bilden.

Die Jahresringe von Bäumen können witterungsbedingt von Jahr zu Jahr unterschiedlich breit sein. Dieser Umstand erlaubt Rückschlüsse auf die klimatischen Bedingungen während des Wachstums in den einzelnen Jahren.

Zusammenfassend kann gesagt werden: Ein Baum wächst jährlich ringförmig von innen nach außen. Der Fachmann spricht von dem sekundären Dickenwachstum. Fast nur die Zellen des letzten gebildeten Jahrringes sind noch lebende Zellen, die übrigen sind abgestorben und bilden eine „tote" Holzmasse.

Wachstum der Zellen

Das Wachsen und Absterben der Zellen ist ein jährlich neu ablaufender Prozess. Während der Baumstamm von innen nach außen wächst, wachsen die Zellwände von außen nach innen. Das Zellwachstum läuft in mehreren Phasen ab:

- In der Anfangsphase des Wachstums entstehen Zellen mit einer hauchdünnen Wand (Primärzellwand) und in einer Abmessung, die ihrer endgültigen Außendimension entspricht. Mit anderen Worten, aus den teilungsfähigen Zellen des Kambiums entstehen bald nach der Teilung dünnwandige Zellen mit einem großen Innendurchmesser, Lumen genannt. Die Primärzellwand besteht zunächst fast nur aus Proteinen, Pektinen (eine Art von gelatineartigen natürlichen Klebstoffen) und Hemicellulosen.
- Beim weiteren Wachstum werden von innen an diese Primärwand zahlreiche Schichten angelagert. Die so genannte Sekundärwand entsteht. Demzufolge verengt sich der Innendurchmesser. Die Sekundärwand besteht bis zu 45 bis 50 % aus Cellulose, dem am häufigsten vorkommenden Stoff im Baum. Cellulose besteht – einfach gesprochen – aus sehr langen und dünnen Kettenmolekülen. Die Ketten verbinden sich zu stärkeren Bündeln, sogenannten Mikrofibrillen. Diese sind elektronenmikroskopisch sichtbar. Die Mikrofibrillen verlaufen in den einzelnen Schichten der Sekundärwand als steile Spiralen, meist nahezu parallel

zur Zellachse. An die Fibrillen lagern sich Hemicellulosen an. Die Fibrillen aus Cellulosebündeln, mit den angelagerten Hemicellulosen, sind sehr zugfest und bilden in der Sekundärwand ein lockeres Spiralgerüst mit vielen Hohlräumen.

- Mit der Bildung einer dünnen dritten Schicht (Tertiärschicht) ist das Wachstum der Zellwand nach innen beendet.
- Nun beginnt die Zelle mit der Biosynthese eines weiteren Naturstoffes, des Lignins. Lignin wird in die Hohlräume des Fibrillen-Spiralgerüstes eingelagert. Es dringt bis in die Primärwand und in die Schicht vor, die die Zellen voneinander abgrenzen. Man bezeichnet den Bereich zwischen den einzelnen Zellen als Mittellamelle. So verkittet Lignin nicht nur die Mikrofibrillen, sondern auch die einzelnen Zellen untereinander.
- Wenn das Füllen der Zellwand mit Lignin abgeschlossen ist, verliert die Zelle ihre Lebensfähigkeit. Die Zelle stirbt ab.

Beim Wachstum einer Zelle werden von innen an die Primärwand zahlreiche Schichten, so genannte Sekundärwand, angelagert.

P = Primärwand
S1, S2 = einzelne Schichten der Sekundärwand
T = Tertiärschicht
ML = Mittellamelle

Die Mikrofibrillen verlaufen in den einzelnen Schichten der Sekundärwand als steile Spiralen, meist nahezu parallel zur Zellachse.

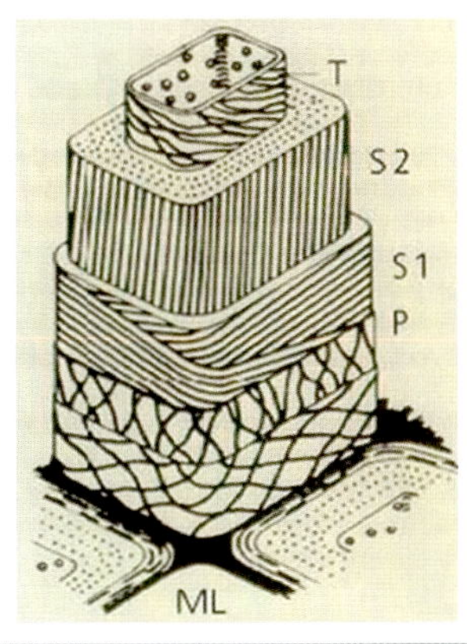

Aufbau einer Holzzelle

Das nebenstehende Bild zeigt die mikroskopische Aufnahme eines Querschnittes durch Buchenholz. Deutlich erkennbar sind die einzelnen Zellen und der lagenförmige Aufbau der Zellwand. Man sieht, dass sich zwischen den Zellwänden eine dünne Schicht, die sogenannte Mittellamelle, gebildet hat. Sie besteht aus Hemicellulose, Pektin und Lignin. Außerdem sind kleinen Öffnungen in der Zellwand sichtbar, die dem Stofftransport zwischen benachbarten Zellen dienen. Weiterhin erkennt man die für Laubholz typischen großen Gefäße.

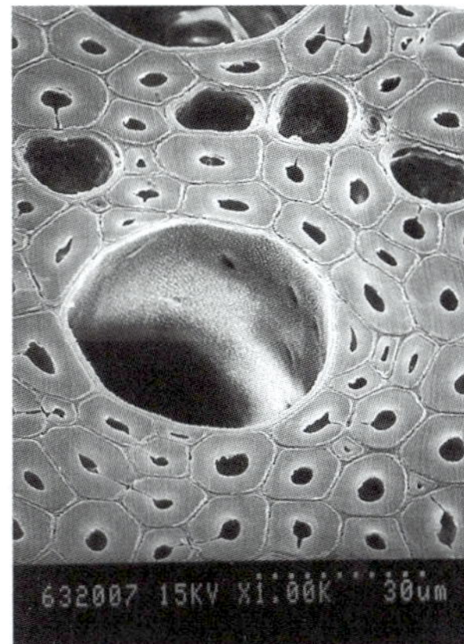

Mikroaufnahme von Buchenholz (Foto Dr. Koch, BFH Hamburg)

Die Zellwände der fertigen Zellen können als Mikro-Verbundmaterial bezeichnet werden. Wie bereits angedeutet, versteht man unter Verbundmaterialien Stoffe, die aus diversen Komponenten zusammengesetzt sind. Dabei sind die Eigenschaften des Verbundes meistens besser als die ihrer Einzelkomponenten. Im Fall der Zellwand gilt:

- Die Mikrofibrillen haben eine hohe Zugfestigkeit in Längsrichtung der Zelle. Das erklärt u. a., warum Holz in Faserrichtung eine deutlich höhere Festigkeit hat, als quer zur Faser. Die Mikrofibrillen sind weder witterungsbeständig noch biegefest. Außerdem ziehen sie Wasser an, sind also hydrophil.

- Lignin verbindet als „Kittsubstanz“ die einzelnen Fibrillen und bewirkt eine gesteigerte Druck- und Biegefestigkeit. Es ist wasserabstoßend, also hydrophob und schützt so die Zellwand gegen Eindringen von Wasser, aber auch gegen Sonnenlicht und sonstige Umwelteinflüsse.

Zusammen ergeben die Gerüstsubstanzen, Cellulose, Hemicellulosen und das Lignin die Eigenschaft der Zellwand. Die Konstruktion ist vergleichbar mit der des Spannbetons, wobei Stahl (hier die Cellulose) die Zugkräfte und Beton (hier das Lignin) die Druckkräfte aufnimmt. Man kann sagen: die Gerüstsubstanzen sind für die Festigkeit der Zellwand verantwortlich, aber erst Lignin macht Holz zu dem, was wir an ihm so schätzen, einem zug- und druckfesten Naturstoff, mit einem geringen spezifischen Gewicht, der leicht zu bearbeiten ist.

Der Vollständigkeit halber sei noch ergänzt, dass Holz neben den oben erwähnten Gerüstsubstanzen, die aus großen Molekülen (Makromolekülen) bestehen, noch viele Stoffgruppen mit kleineren Molekülen enthält, sogenannten Extrakt- oder Inhaltsstoffen. Diese bestimmen, neben der Rohdichte des Holzes und der chemischen und physikalischen Beschaffenheit der Zellwand, auch viele Gebrauchseigenschaften des Holzes. Zu den Inhaltsstoffen gehören Mineralien, die Werkzeuge bei der Holzbearbeitung abstumpfen und weitere Substanzen (einige Hundert pro Holzart), wie Gerb- und Farbstoffe, Harze, Fette und Wachse. Sie bestimmen Eigenschaften, wie z. B. Witterungsbeständigkeit, Widerstandsfähigkeit gegenüber Mikroorganismen und die Farbe der Hölzer.

Unterschiedlicher Aufbau des Zellgewebes

Die am Aufbau des Holzes beteiligten Zellformen sind je nach Holzart verschieden.

Sie unterscheiden sich in Größe, Form und Zusammensetzung. Ihr Verbund, das Zellgewebe, gibt jeder Holzart ihr eigenes Aussehen und bestimmt seine Eigenschaften. Besonders deutlich ist der Unterschied zwischen Nadel- und Laubhölzern.

Entwicklungsgeschichtlich sind Nadelhölzer älter als Laubhölzer und haben einen einfacheren anatomischen Zellaufbau. Während Laubhölzer über ein gesondertes Leitungs- und Festigkeitsgewebe verfügen, besitzen Nadelhölzer nur ein weitgehend homogenes Grundgewebe. Es besteht aus so genannten Tracheiden. Diese länglichen Zellen sind relativ dünnwandig und ca. 3 mm lang. Sie übernehmen sowohl Festigkeits- als auch Leitungsfunktion. Neben den Tracheiden verfügen Nadelhölzer über einreihige Zellverbände, die vom Bast bis zum Mark verlaufen und als Markstrahlen bezeichnet werden. Sie übernehmen eine Speicherfunktion und tragen zur Festigkeit des Holzes bei. Der Wasser- und Gastransport zwischen den Zellen erfolgt über die so genannten Tüpfel, die ähnlich wie Ventile wirken.

Charakteristisch für Laubhölzer sind dickwandige Faserzellen (die Libriformfasern) und die, in Nadelhölzern nicht vorhandenen Gefäße (in der Bildmitte der Mikroaufnahme vom Buchenholz gut sichtbar; S. 161). Bei den Gefäßen handelt es sich um längliche Poren, die mehrere Meter lang sein können. Sie sind untereinander durch einfache oder leiterförmige Durchbrüche verbunden und dienen zum Wasser- und Nährstofftransport. Man kann sie oft mit bloßem Auge im Holzquerschnitt erkennen. Die Poren der Eiche mit einem Durchmesser von bis zu 0,4 m sind besonders gut zu erkennen.

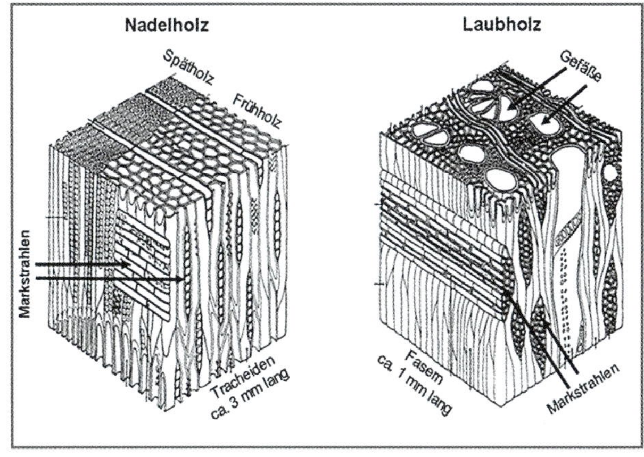

Zellgewebe von Nadel- und Laubholz

Querschnitt durch Eichenholz, die großen Poren sind deutlich erkennbar und verlaufen im Bild waagrecht, entsprechend dem Verlauf der Jahresringe. Die senkrecht verlaufenden Linien sind die Markstrahlen.

Je nach Anordnung der Poren unterscheidet man:

- Zerstreutporige Hölzer sind z. B. Buche, Birke und Ahorn. Alle ihre Gefäße besitzen annähernd gleichen Durchmesser und sind gleichmäßig in einem Jahresring verteilt.

Querschnitt durch Buchenholz, ein typisches zerstreuporiges Holz (unterschiedliche Vergrößerung): Waagrecht verlaufen die Jahresringe.

- Ringporiges Holz haben z. B. Eiche, Ulme und Esche. Ihre Gefäße haben unterschiedlich große Durchmesser. Weitlumige Zellen wachsen vorrangig im Frühjahr und sind ringförmig im Jahresring angeordnet. Im Spätsommer werden dickwandige Zellen mit kleinen Lumen angelegt.

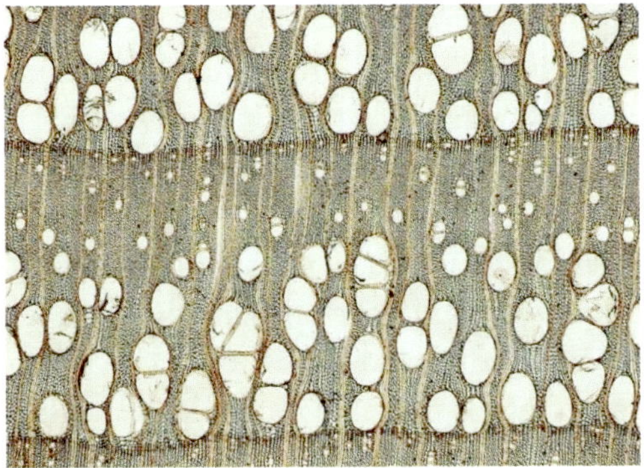

Eschenholz, eine ringporige Holzart(unterschiedliche Vergrößerung): Waagrecht verlaufen die Jahresringe. Weitlumige Zellen wachsen vorrangig im Frühjahr und sind ringförmig im Jahresring angeordnet.

Auch Laubbäume haben Markstrahlen, sie sind mehrschichtig und oft sehr breit, sodass sie meistens mit dem bloßen Auge erkennbar sind.

Längsschnitt durch Eichenholz, als helle Streifen verlaufen die Markstrahlen vom Bast zum Kern.

Beim Dampfbiegen bricht die Zellstruktur der meisten Nadelhölzer; im Beispiel: Kiefernholz.

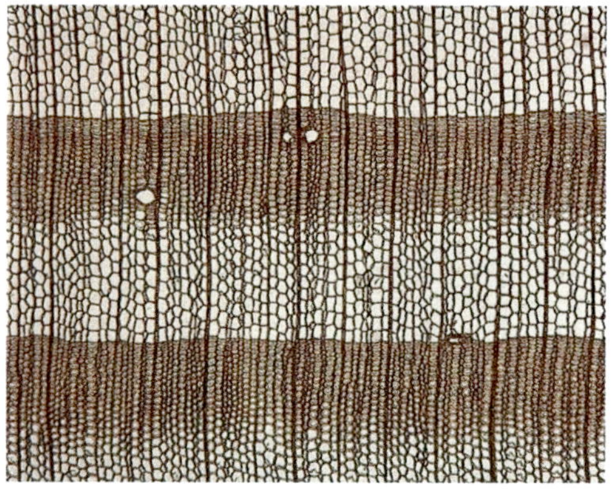

Sprunghafter Wechsel von Früh- auf Spätholz bei Nadelholz (Lärche).

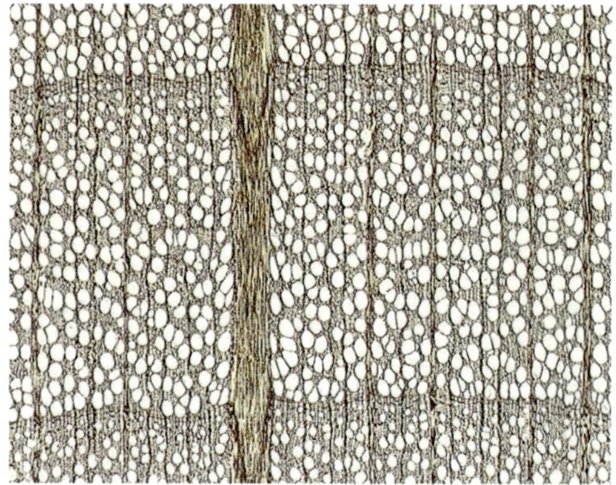

Bei Laubholz gibt es praktisch kaum einen Unterschied zwischen Früh- und Spätholz (Buche).

Unterschiedliche Formbarkeit von Nadel- und Laubholz

Holz kann man nicht nur biegen, sondern unter Einwirkung von Temperatur und Feuchtigkeit auch dauerhaft formen. Nadel- und Laubhölzer verhalten sich sehr unterschiedlich. Die Praxis zeigt, dass sich Nadelhölzer in der Regel schlechter oder gar nicht dauerhaft formen lassen.

Der Grund ist komplex, die Hauptursachen sind:

- Der sprunghafte Strukturwechsel zwischen Frühholz und Spätholz bei Nadelhölzern. Damit verbunden ist ein deutlicher Unterschied der mechanischen Eigenschaften. So hat man beispielsweise beim Kiefernholz ermittelt, dass sich der E-Modul von Früh- zu Spätholz um den Faktor 1:4 ändert (siehe Kapitel „Die mechanischen Eigenschaften von Holz"). Bei Laubholz gibt es praktisch keinen Unterschied der mechanischen Eigenschaften zwischen Früh- und Spätholz.
- Der unterschiedliche Aufbau des Zellgewebes, insbesondere die Länge der Faserzellen.
  - Wie oben ausgeführt, haben Laubhölzer Faserzellen von ca. 1 mm Länge und sind dickwandig. Nadelhölzer verfügen dagegen über ca. 3 mm lange und eher dünnwandige Zellen (Tracheiden). Es sei daran erinnert, dass die Zellen als relativ steifes Element durch die weiche und thermoplastische Mittellamelle miteinander verbunden sind. Laubhölzer haben mehr weiche und thermoplastisch verformbare Masse in der Mittellamelle als Nadelhölzer. Daher lassen sich die kurzen Zellen der Laubhölzer leichter gegeneinander verschieben, insbesondere wenn sie mit heißem Wasserdampf behandelt wurden.
  - Wird mit Dampf erweichtes Laubholz gebogen, kollabieren die dünnwandigen großlumigen Gefäße. Insbesondere bei Druckbelastung verformen sich ihre Zellwände. Die Spannungen, die während des Biegens entstehen, werden dadurch abgebaut. Die dünnwandigen Gefäße spielen beim Biegen eine ähnliche Rolle wie mechanische Einkerbungen, die der Tischler in Bretter

schneidet, um diese leichter biegen zu können. Die Gefäße sind quasi interne „Kerben“ und wirken querschnittreduzierend.

- Der Gehalt an Lignin und Hemicellulosen in der Zelle sowie deren chemische Zusammensetzung (siehe Tabelle). Die beiden Bestandteile verhalten sich bei Erwärmung wie ein thermoplastischer Kunststoff, sie werden weich. Sie beeinflussen die Plastizität der Mittellamelle und der Sekundärwand. Ihr Anteil und ihre chemische Zusammensetzung sind bei Laub- und Nadelhölzern deutlich unterschiedlich.

Zusammensetzung der Zellwand von heimischen Laub- und Nadelhölzern

Substanz	Laubholz	Nadelholz
Cellulose	42 – 51 %	42 – 49 %
Hemicellulose	27 – 40 %	24 – 30 %
Lignin	18 – 24 %	25 – 30 %
Extraktstoffe	2 – 10 %	2 – 10 %

Der Anteil von Lignin und Hemicellulose ist bei Laub- und Nadelhölzern deutlich unterschiedlich.

Chemische Bestandteile von Holz

Cellulose: Cellulose entsteht aus Traubenzucker (Glucose), der unter Wasserabspaltung lange unverzweigte Molekülketten (quasi Fäden) bildet. Die langen dünnen Moleküle verbinden sich zu dickeren kristallinen Bündeln, den Mikrofibrillen. Durch diesen molekularen Aufbau besitzt Cellulose eine hohe Zugfestigkeit.

Hemicellulosen: Diese Substanzklasse ist äußerst vielfältig. Sie bestehen aus ca. fünf verschiedenen Zuckern. Ihre Ketten sind kurz und verzweigt. Sie sind nicht kristallin und aufgrund ihres chemischen Aufbaus sind sie wasseranziehend (hydrophil). Mit Wasser bilden sie leicht weiche und klebrige (kleisterartige) Strukturen. Sie tragen wesentlich zu den thermoplastischen Eigenschaften des Holzes bei. Da sie sich an den Cellulosefibrillen anlagern, erleichtern sie die Deformierbarkeit des Fibrillengerüstes innerhalb der Zellwand. Hemicellulosen kommen in der Primärwand und in einer dünnen Schicht zwischen den Zellen, der sogenannten Mittellamelle, zusammen mit Pektin, in hoher Konzentration vor. Beim Biegen ermöglichen sie, insbesondere in Verbindung mit Wasser, die Verschiebbarkeit der Zellen zueinander. Laubholz-Hemicellulosen sind besonders wasseranziehend, wasserlöslich und leicht verformbar.

Lignine: Lignine sind dreidimensional verzweigte und zum Teil vernetzte Makromoleküle. Sie sind im Wesentlichen aus Grundbausteinen vom Typ der Phenylpropane aufgebaut. Bei Laubbäumen dominieren zwei Grundbausteine den Ligninaufbau. Die Lignine der Nadelbäume sind dagegen meist nur aus einem speziellen Baustein konstruiert. Laubholzlignine sind relativ kleine Moleküle und sind weniger vernetzt als die Lignine der Nadelhölzer. Daher sind sie leichter verformbar. Ihre thermoplastische Verformbarkeit erhöht sich stark bei Zunahme der Holzfeuchtigkeit. Dies gilt besonders für Laubholzlignine, wenn sie sich in Nachbarschaft zu Hemicellulosen befinden.

Holzinhaltstoffe: Sie beeinflussen u. a. die Holzeigenschaften bezüglich Farbe, Geruch, Widerstandsfähigkeit gegen Pilze und Insekten, Brennbarkeit und Festigkeit.

Nussbaum, Beispiel für eine schöne Holzmaserung als Resultat der Verkernung

Die Verkernung

Wie bereits erläutert, besteht Holz hauptsächlich aus länglichen Zellen, vereinfacht als Fasern bezeichnet, mit kapillaren Eigenschaften.

- Die äußeren Zellen des Stammes, die das Splintholz bilden, haben die Aufgabe Wasser und Nährstoffe zu transportieren.
- Die Zellen im Inneren des Stammes haben sich im Laufe der Zeit durch Einlagerung von diversen Stoffen, sogenannter Inhaltsstoffe, chemisch stark verändert. Eine teilweise auftretende dunkle Holzfarbe deutet darauf hin. Durch die chemische Veränderung sind die Zellen in der Lage, Festigkeitsfunktionen zu übernehmen.

Die chemische Veränderung der inneren Zellen nennt man Verkernung.

- Durch die Einlagerung diverser Stoffe in die Zellen werden die Wasserleitbahnen des Stammes unterbrochen. Bei den Nadelhölzern werden die Tüpfel der Tracheiden und bei den Laubhölzer die Gefäße verschlossen. Somit können sie kein Wasser mehr transportieren.
- Durch die Einlagerung von speziellen Inhaltsstoffen (oft vom Typ der Polyphenole), hauptsächlich in die Zellwand, wird diese wasserabstoßend und widerstandsfähig gegenüber Mikroorganismen.
- Oft lagern sich Inhaltsstoffe auch an den Innenwänden der Zellen ab und füllen ihr Inneres vollständig aus. Dadurch wird die Gas- und Wasserdurchlässigkeit der Zellen herabgesetzt. Das Kernholz wird wasserärmer als das Splintholz, aber auch härter. Durch das Verkernen wird die Elastizität des Holzes reduziert, aber seine Festigkeit erhöht. Sehr ausgeprägt ist der Unterschied von Kern- und Splintholz bei der Eiche.

Die Verkernung findet nicht bei allen Hölzern statt. Man unterscheidet zwischen:

- Kernholz-Baumarten, z. B. Kiefer, Lärche, Douglasie, Eibe, Eiche, Nussbaum und Pappel; bei diesen Hölzern sind Splint- und Kernholz deutlich an Farbe, Härte und Haltbarkeit unterscheidbar.
- Reifholz-Baumarten, z. B. Fichte, Tanne, Buche, Linde und Birnbaum, zeigen farblich kaum einen Unterschied zwischen dem verkernten Holz, das man in diesem Fall Reifholz nennt, und dem Splintholz. Der deutliche Unterschied im Wassergehalt zwischen Splint und Kern ist aber ein Hinweis dafür, dass diese Holzarten auch verkernen.
- Splintholz-Baumarten, z. B. Bergahorn, Espe, Birke, Hainbuche und Erle. Bei diesen Hölzern tritt keine Verkernung ein. Es gibt keinen Farb- oder Härteunterschied zwischen Splint- und Kernholz (vgl. Bilder rechts).

Für das Bild der Holzmaserung sind, neben der Farbänderung durch Verkernen und der Schnittrichtung im Stamm die Anzahl und Breite der Jahresringe und die Markstrahlen verantwortlich.

Eichenholz, ein typisches Kernholz. Deutlich erkennbar der Unterschied von Kern- und Splintholz, bei dem frisch gefällten Baum ist das Splintholz mit Wasser gesättigt.

Beim Lindenholz besteht kein farblicher Unterschied zwischen verkerntem Reif- und Splintholz.

Eine typische Splintholz-Baumart ist der Bergahorn.

Trocknungsrisse in einem gefällten Stamm

Holz wird mit Abstandsleisten zum Trocknen aufgestapelt.

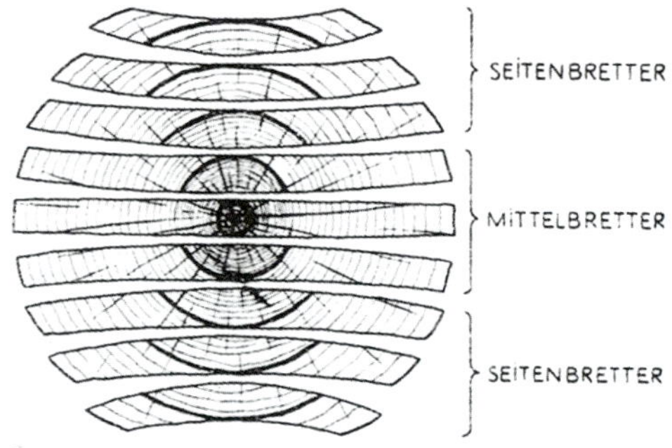

Verformung der aufgeschnittenen Bretter während der Trocknung

Holz schwindet

Um seinen Nährstoffbedarf zu decken, nimmt der Baum täglich große Wassermengen auf und transportiert sie mit Hilfe der Kapillarkräfte in die Krone.

Bei einem frisch gefällten Baum befinden sich ¾ der aufgenommenen Wassermenge in den Zellhohlräumen des Splintholzes. Man spricht von saftfrischem Holz. Je nach Baumart beträgt die eingelagerte Wassermenge 20 bis 60 % der Holzmasse.

Nach dem Fällen beginnt das Wasser zu verdunsten und die Zellen schrumpfen. Es entstehen Spannungen im Holz, die zu Trocknungsrissen führen.

Hat die Trocknung den so genannten Fasersättigungspunkt erreicht, ist kein freies Wasser mehr in den Zellhohlräumen vorhanden. Nur noch in den Zellwänden ist Wasser gebunden.

Trocknungsrisse können weitestgehend vermieden werden, wenn der Baumstamm möglichst bald nach dem Fällen aufgeschnitten wird und die Bretter mit Hilfe von Leisten auf Abstand zum Trocknen gestapelt werden.

Der unterschiedliche Wassergehalt in den Splint- und Kernholzzellen führt zu einer mehr oder weniger ausgeprägten Verformung der Bretter während der Trocknung. Man nennt diesen Vorgang Schwinden. Holz schwindet räumlich unterschiedlich stark:

- In der Längsachse des Stammes, also in Faserrichtung, schwindet es um 0,1 bis 0,3 %, d. h. Änderungen in der Länge sind für die Praxis nur von geringer Bedeutung.
- In Richtung der Markstrahlen dagegen beträgt die Schrumpfung bis zu 5 %.
- In Richtung der Jahresringe schrumpft es sogar bis zu 10 %.

Diese Angaben sind Richtwerte. Sie gelten für die meisten Holzarten bei einer Reduzierung der Holzfeuchtigkeit von 30 auf 8 % und können für einzelne Arten abweichen.

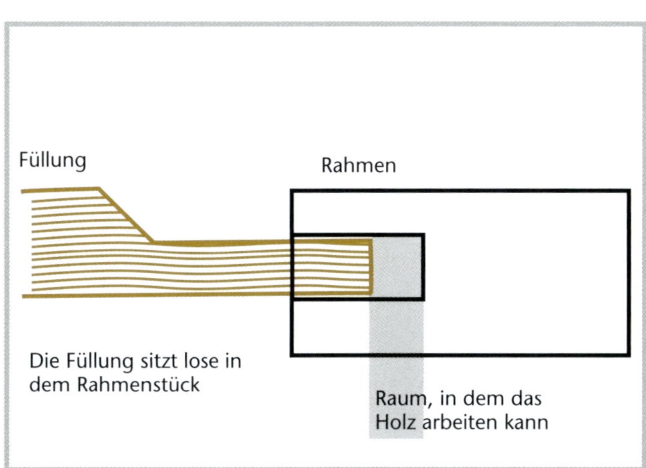

Die lose in einem Rahmen sitzende Füllung erlaubt dem Holz zu arbeiten.

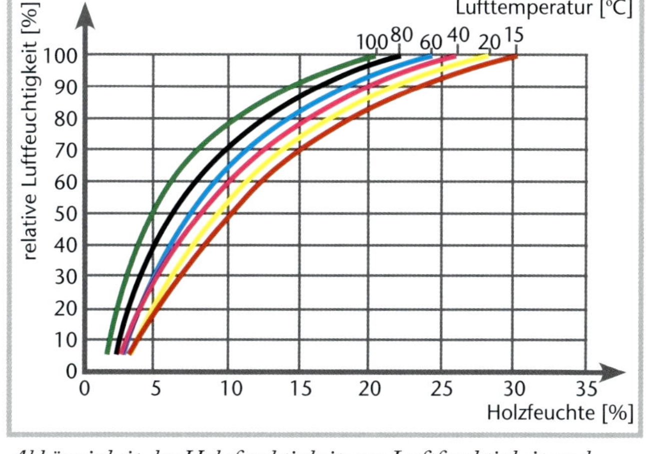

Abhängigkeit der Holzfeuchtigkeit von Luftfeuchtigkeit und Lufttemperatur

Bei der Verarbeitung von Holz ist zu beachten, dass es in Richtung der Jahresringe doppelt so stark schwindet wie in Richtung der Markstrahlen. Demnach erfahren Bretter mit stehenden Jahresringen die geringste Verformung (siehe Abbildung „Verformung des Holzes durch Schwindung“).

Wird Holz durch Feuchtigkeit und Temperatur erweicht, quillt es auf und bei anschließender Trocknung schrumpft es wieder. Je nachdem aus welchem Bereich des Baumstammes das Holz stammt, ist die Volumenänderung unterschiedlich groß.

Da Holz wasseranziehend (hygroskopisch) ist, stellt sich immer ein Gleichgewichtszustand zwischen Luft- und Holzfeuchtigkeit ein.

Die Folge ist, dass Holz entsprechend der Feuchtigkeit sein Volumen und damit seine Form ändert. Man sagt: „Es arbeitet“.

Bei der Verarbeitung von Massivholz ist die Volumenänderung konstruktiv zu berücksichtigen. Man muss dem Holz die Möglichkeit zum „Arbeiten“ geben.

Das Bild oben links zeigt beispielhaft eine derartige Lösung.

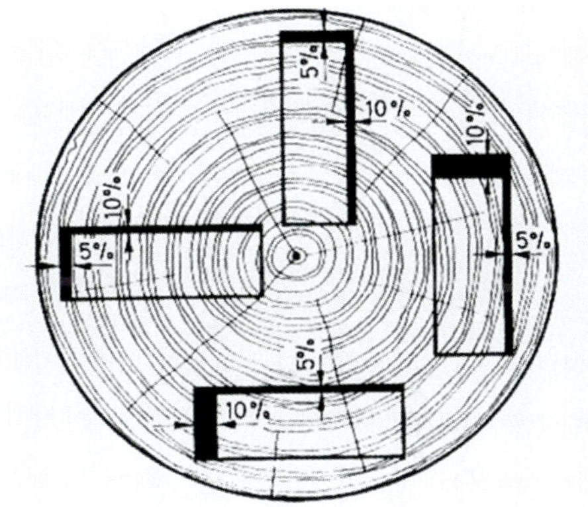

Holz schwindet, abhängig von der Lage der Jahresringe, unterschiedlich stark.

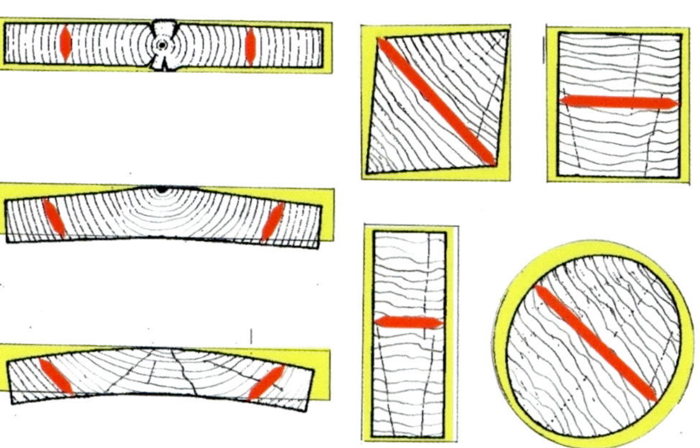

Verformung des Holzes durch Schwindung. Die roten Pfeile zeigen die Hauptschwundrichtung an.

Was ist bei der Holzauswahl für das Biegen zu beachten?

Grundsätzlich lassen sich alle Hölzer biegen, aber es gibt einige, die über eine höhere natürliche Flexibilität verfügen als andere. Sie lassen sich besonders gut elastisch biegen und kehren nach Entlastung in ihre Ausgangslage zurück. Man nennt sie „elastische Hölzer". Zu ihnen zählen beispielsweise Eibe, Esche und Ulme. Damit sind sie hervorragend zur Herstellung von Bögen oder Angelruten geeignet.

Die Antwort auf die Frage, warum sich manche Hölzer besser elastisch biegen lassen als andere, ist sehr komplex.

- Für die elastische Biegsamkeit ist in erster Linie die Anzahl der dickwandigen Faserzellen verantwortlich. Je mehr vorhanden sind, desto elastischer ist das Holz. Da eine dicke Zellwand gleichbedeutend mit einer festen Wand ist, knickt sie bei Belastung nicht ein. Sie wird nur verformt, und bei Entlastung federt sie zurück.
- Bei dünnwandigen Zellen, die eine geringe Festigkeit haben, kommt es zum Einknicken bzw. Bruch der Zellwand und damit zu einer bleibenden Verformung.

Generell kann man sagen: Hölzer mit hoher Rohdichte haben in der Regel dickere Zellwände und sind daher besser zum elastischen Biegen geeignet als Hölzer geringerer Dichte (siehe Kapitel „Die mechanischen Eigenschaften von Holz").

- Neben der Stärke der Zellwände spielt noch ihre Mikrostruktur eine wesentliche Rolle. Je steiler die Mikrofibrillenspiralen in der Zellwand verlaufen, desto höher ist die Elastizität.
- Weiterhin ist die Breite und Art der Jahresringe ausschlaggebend. Mit einem hohen Spätholzanteil erhöht sich die Elastizität des Holzes. Bei der Holzauswahl für gebogene Werkstücke sollte man das beachten. Ringporige Laubhölzer eignen sich besonders gut zum Biegen, da ihr Spätholzanteil mit der Jahresringbreite prozentual zunimmt. Die Esche liefert ein gutes

Beispiel: Bei ihr sind breite Jahresringe von 1,5 mm bis 6,0 mm ein Kennzeichen für gute Qualitätseigenschaften, wie Elastizität und Zähigkeit. Durch unterschiedliche Wachstumsbedingungen produziert ein und dieselbe Baumart verschiedene Holzqualitäten. Die auf feuchten Auwaldböden wachsende so genannte Wasseresche bildet schnell wachsend breite Jahresringe. Sie eignet sich besser zum Biegen als die langsam wachsende „Kalkesche". Deren, an steinigen, trockenen Hängen gewachsenes Holz hat enge Jahresringe, es ist kurzfaserig und besonders spröde.

- Auch der Anteil der Markstrahlen beeinflusst die Elastizität. Untersuchungen zeigen, dass Markstrahlen die Querzugfestigkeit des Holzes steigern.

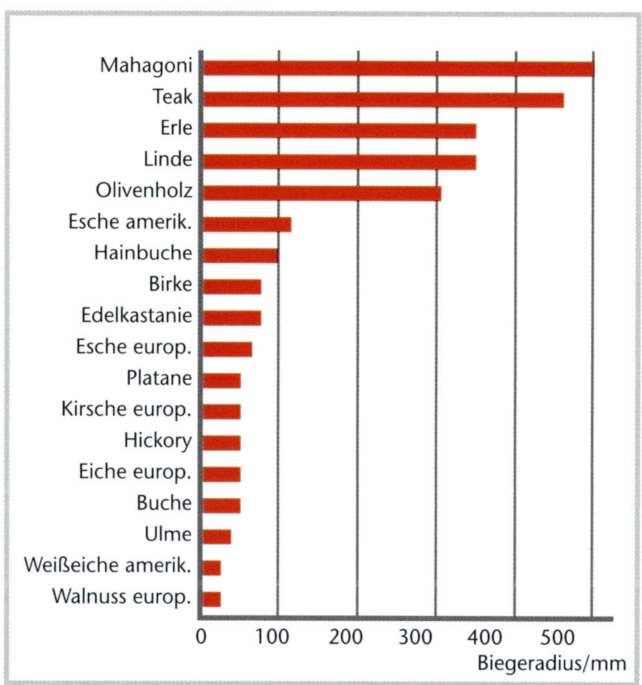

Biegbarkeit verschiedener Holzarten. Die Graphik zeigt den kleinst möglichen Biegeradius in Millimetern, wenn man eine 25 mm dicke Leiste dämpft und mit einem Biegeband biegt.

Neben den „elastischen Hölzern" gibt es Holzarten, die sich zwar gut biegen lassen, bei Entlastung aber nicht vollständig zurückfedern. Sie wurden beim Biegen dauerhafte verformt. Die Ursache dafür ist eine geringe Bindung ihrer Zellwandschichten untereinander. Man bezeichnet sie als „plastische Hölzer". Zu ihnen zählen beispielsweise Rotbuche, Birke, Nussbaum und Ahorn.

Für eine dauerhaft plastische Verformung mit Hilfe von Feuchtigkeit und Temperatur sind Laubhölzer besser geeignet als Nadelhölzer. Wie bereits erwähnt, liegt das u. a. an den kürzeren Faserzellen und an dem Gehalt und der Beschaffenheit des Lignins und der Hemicellulosen. Besonders gut plastisch formbare Hölzer sind beispielsweise Buche, Eiche, Esche und Walnuss. Aber auch Kirsche und andere Obsthölzer gehören in diese Kategorie. In der nebenstehenden Tabelle ist der minimal mögliche Biegeradius in mm für einige Holzarten angegeben. Es wurde jeweils 25 mm dickes Holz durch Dampf erweicht und mit einem Biegeband gebogen.

Herstellung von Biegerohlingen

Eine wichtige Voraussetzung für das Holzbiegen ist ein gerader Faserverlauf im Werkstück. Außerdem darf das Holz keine Fehler, wie beispielsweise Äste oder Risse, aufweisen. Vorzugsweise verwendet man das Kernholz eines Baumes. Das Splintholz ist wegen seiner geringen Festigkeit meistens ungeeignet.

Den Faserverlauf eines Biegerohlings kann man am besten beurteilen, wenn man einen Stamm spaltet. Gut spalten lässt sich frisch geschlagenes Holz.

Beim Spalten teilt sich das Holz dem Faserverlauf folgend. Holzfehler, wie beispielsweise Drehwuchs, Astfüße oder Querrisse, werden sichtbar und können aussortiert werden.

Muss man, mangels Spaltholz, auf gesägte Bretter zurückgreifen, verwendet man vorzugsweise Mittelbretter mit stehenden Jahresringen.

Sie verformen sich bei Schwindung nur geringfügig. Das Splintholz und der im Mittelbrett vorhandene Markstrahl eignen sich nicht zum Biegen. Diese Bereiche werden herausgeschnitten. Die Bretter müssen frei von Trocknungsrissen sein, die insbesondere an den Brettenden auftreten können.

Gerader Faserverlauf von gespaltenem Holz

Typische Holzfehler, die beim Spalten sichtbar werden.

Trocknungsriss in einem Brett. Der Riss beginnt immer am Ende des Brettes.

Einfluss der Holzfeuchtigkeit

Frisch geschlagenes Holz lässt sich bei vielen Holzarten leicht biegen. Trotzdem empfiehlt es sich für die meisten Anwendungen, luftgetrocknetes Holz zu verwenden. Das hat folgende Vorteile:

- Beim Biegen entsteht im Holz kein hydraulischer Druck. Wird frisches Holz gebogen, verformen sich die Zellen, und ihr Volumen wird kleiner. Das freie Wasser in den Zellhohlräumen kann nicht entweichen und es baut sich ein hydraulischer Druck auf. Dieser kann so groß werden, dass die Zellwand aufreißt. Bei luftgetrocknetem Holz hingegen kann sich, da freies Wasser fehlt, kein hydraulischer Druck aufbauen. Besonders kritisch ist es, frisches Holz der Eiche, Esche oder Edelkastanie zu biegen. Hier entstehen leicht Faltenbrüche, da ganze Zellreihen aufreißen.
- Luftgetrocknetes Holz muss, je nach Verwendung, nur noch geringfügig nachgetrocknet werden. Trocknungsrisse treten kaum auf, und die Schwindung hält sich in Grenzen.

Der hydraulische Druck, der beim Biegen in wassersatten Zellen entsteht, führt zu Faltenbrüchen.

Oberflächenbeschaffenheit des zu biegenden Holzes

Der Biegerohling sollte eine glatte, fehlerfreie Oberfläche haben. Risse und andere Oberflächenfehler erzeugen eine Kerbwirkung und erhöhen die Bruchgefahr beim Biegen. Das Holz wird sauber gehobelt und geschliffen.

A3 Mechanik des Biegens

Um Holz erfolgreich zu formen, ist es hilfreich, die zugrunde liegenden mechanischen Vorgänge zu verstehen. Diesbezügliches Wissen ermöglicht die Abschätzung der Grenzen der Biegetechnik und dient der Fehlervermeidung. An Hand einiger einfacher Versuche sollen die mechanischen Vorgänge dargestellt und ihre Gesetzmäßigkeiten erklärt werden.

Eine Holzleiste wird auf Biegung beansprucht.

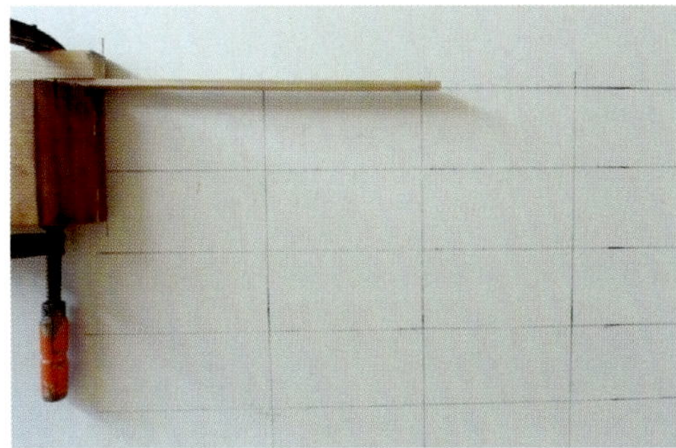

Bei Entlastung federt die Leiste in die Ausgangslage zurück.

1. Versuch

Eine Holzleiste wird an einem Ende eingespannt und am anderen Ende wirkt eine Kraft F.

Beobachtung:

- Die Leiste biegt sich unter der Krafteinwirkung
- Je höher die Kraft ist, desto mehr biegt sich die Leiste
- Bei Entlastung federt die Leiste in ihre Ausgangslage zurück.

Trägt man die Werte der wirkenden Kraft F und die daraus resultierende Biegung a in ein Koordinatensystem ein, erhält man das links unten dargestellte Diagramm.

Die jeweiligen Wertepaare (Kraft und Biegung) liegen auf einer Geraden. Das bedeutet: die Biegung ist proportional der wirkenden Kraft [a ~ F]. Bei Entlastung (Kraft = 0) federt die Leiste wieder in ihre Ausgangslage zurück (Biegung = 0). Ein solches Verhalten nennt man „elastische Biegung".

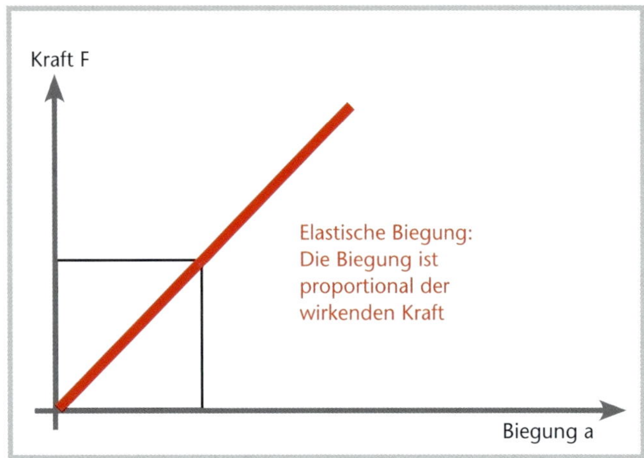

Zusammenhang zwischen wirkender Kraft und Biegung

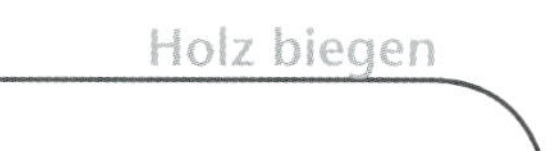

2. Versuch

Der erste Versuch wird wiederholt und dabei die Länge L der Leiste variiert.

Beobachtung: Je länger die Leiste ist, desto größer ist die Biegung a bei konstant wirkender Kraft F

Aus den Beobachtungen der beiden Versuche lässt sich eine Gesetzmäßigkeit ableiten:

Die Biegung a ist proportional der wirkenden Kraft F und der wirksamen Länge L. Kraft mal Länge [F x L] wird als Biegemoment bezeichnet, man kann auch sagen: Die Biegung ist proportional dem wirkenden Biegemoment.

Das Bild rechts zeigt die graphische Darstellung dieser Gesetzmäßigkeit.

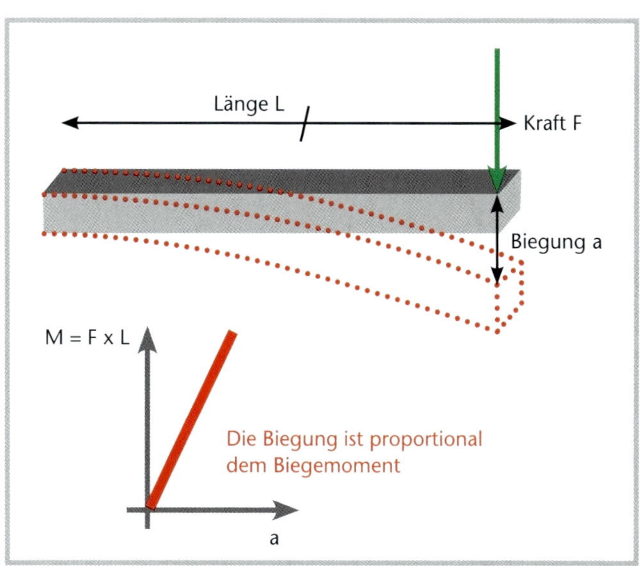

Gesetzmäßigkeit des Biegeversuches: Die Biegung ist proportional dem Biegemoment.

3. Versuch

Der Querschnitt der Leiste wird verändert und der Versuch mit mehreren Leisten unterschiedlicher Querschnitte wiederholt.

Beobachtung: Je größer der Querschnitt einer Leiste ist, umso steifer ist sie und desto schwerer lässt sie sich biegen.

4. Versuch

Leisten gleicher Geometrie (Querschnitt und Länge), aber verschiedener Holzarten werden gebogen.

Beobachtung: Die Holzarten verhalten sich unterschiedlich. Sie haben verschiedene Steifigkeiten. Eine Buchenleiste beispielsweise lässt sich schwerer biegen als eine gleichstarke Leiste aus dem Holz der Rosskastanie.

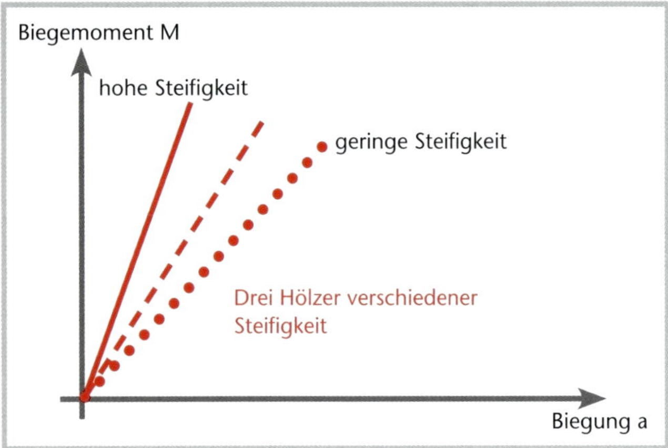

Einfluss der Steifigkeit auf das Biegeverhalten: Je höher die Steifigkeit, desto größer muss bei gleicher Biegung das Biegemoment sein.

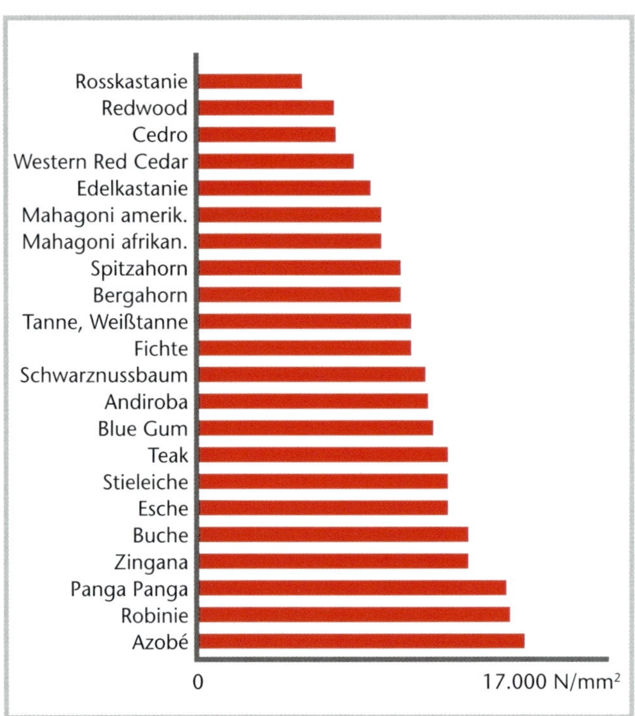

E-Modul verschiedener Holzarten

Die Steifigkeit von Holz

Die Versuche 3 und 4 zeigen, dass die Steifigkeit S eine wichtige Größe beim Biegen ist. Als Steifigkeit bezeichnet man den Widerstand, den das Holz dem Biegemoment entgegensetzt. Aus den Beobachtungen der bisherigen Versuche lässt sich noch eine weitere Gesetzmäßigkeit ableiten:

Die Biegung a ist proportional dem Biegemoment M und umgekehrt proportional der Steifigkeit S.
[Biegung ~ Biegemoment / Steifigkeit]

Der Zusammenhang kann durch Kurven mit unterschiedlichen Steigungen in dem bekannten Koordinatensystem dargestellt werden. Eine flache Kurve bedeutet eine geringe und eine steile Kurve eine hohe Steifigkeit.

Aus den Versuchen 3 und 4 wird weiterhin ersichtlich: Die Steifigkeit ist abhängig von der Holzart und dem Leistenquerschnitt.

Abhängigkeit der Steifigkeit von der Holzart

Versuch 4 zeigt, die Steifigkeit verschiedener Holzarten ist unterschiedlich. Eine Kennzahl, die als Elastizitätsmodul (E-Modul = E) bezeichnet wird, beschreibt den Unterschied. Der E-Modul, in N/mm^2 angegeben,[1)] wurde für viele Werkstoffe, auch für Holz, durch Messung ermittelt. Je mehr Widerstand ein Material seiner Verformung entgegensetzt, desto größer ist sein E-Modul. Ein Material mit hohem Elastizitätsmodul, z. B. Stahl (E-Modul = 210.000 N/mm^2), ist also steif. Material mit niedrigem Elastizitätsmodul, z. B. Gummi (E-Modul= 10 N/mm^2), ist nachgiebig oder weich. Holz hat einen E-Modul zwischen 10.000 N/mm^2 und 17.000 N/mm^2, ist also deutlich nachgiebiger als Stahl, aber steifer als Gummi.

Das Bild links zeigt den E-Modulvergleich verschiedener Holzarten. Er erlaubt eine Abschätzung der Steifigkeit der unterschiedlichen Hölzer.

[1)] Newton (N) ist die Maßeinheit für eine Kraft im internationalen System der Maße. Die uns vertraute Maßeinheit von 1 kp entspricht einer Kraft von 9,81 N.

Abhängigkeit der Steifigkeit von der Querschnittsgeometrie

Der Einfluss der Querschnittsgeometrie auf die Steifigkeit wird durch eine weitere Kenngröße, dem Flächenträgheitsmoment J, beschrieben. Das Flächenträgheitsmoment ist nur formabhängig und kann für jeden Querschnitt berechnet werden. Das Bild rechts zeigt beispielhaft die Berechnung des Flächenträgheitsmomentes für einen rechteckigen und einen runden Querschnitt.

Dicke h bzw. Durchmesser d bestimmen überproportional die Größe des Trägheitsmomentes J und damit die Steifigkeit. Das wiederum hat Einfluss auf die Biegekraft. Bei gleicher Biegung erhöht sich beispielsweise die erforderliche Kraft auf den 8-fachen Wert, wenn sich die Dicke des Werkstückes verdoppelt.

Im Umkehrschluss ergibt sich eine wichtige Erkenntnis für die Praxis: Will man ein dickes Werkstück biegen, kann es sein, dass die benötigte Biegekraft so groß ist, dass man sie mit den zur Verfügung stehenden Mitteln nicht aufbringen kann. In diesem Fall fertigt man das Werkstück aus zwei Hölzern mit halber Dicke, die man einzeln biegt und anschließend verleimt. So reduziert sich die erforderliche Biegekraft auf ⅛ der ursprünglich notwendigen Kraft.

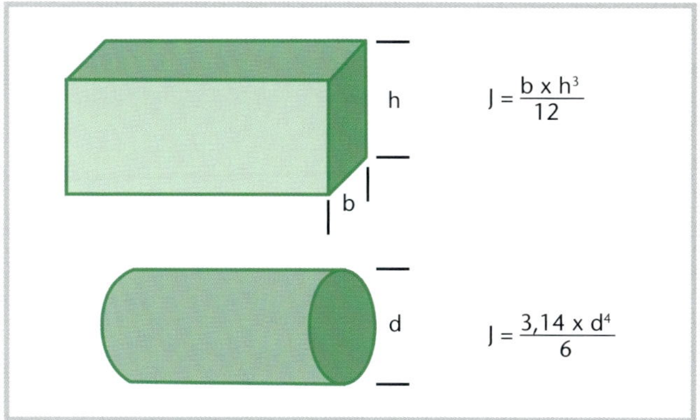

Ermittlung des Flächenträgheitsmomentes

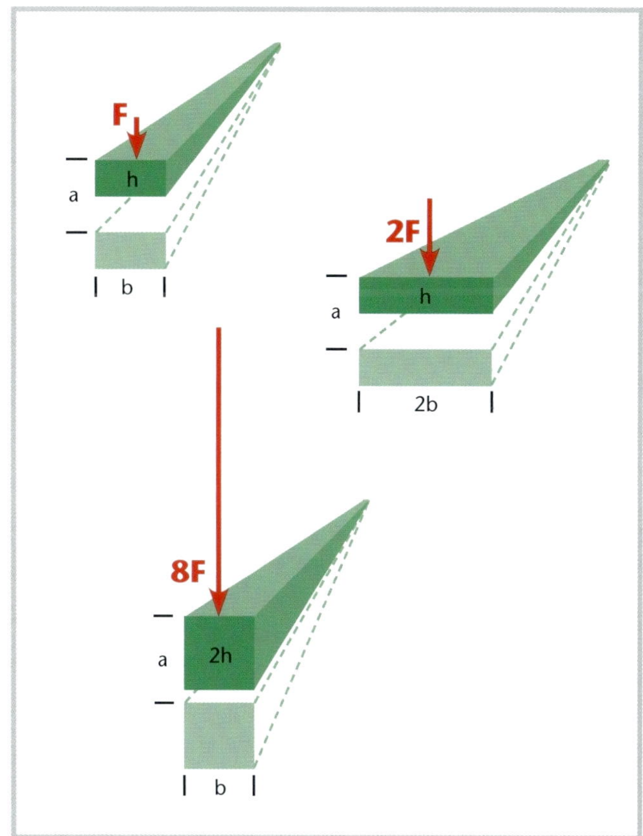

Einfluss der Geometrie auf die Biegekraft: Für die gleiche Biegung benötigt ein doppelt breiter Balken die zweifache Kraft. Ein doppelt dicker Balken benötigt die achtfache Kraft.

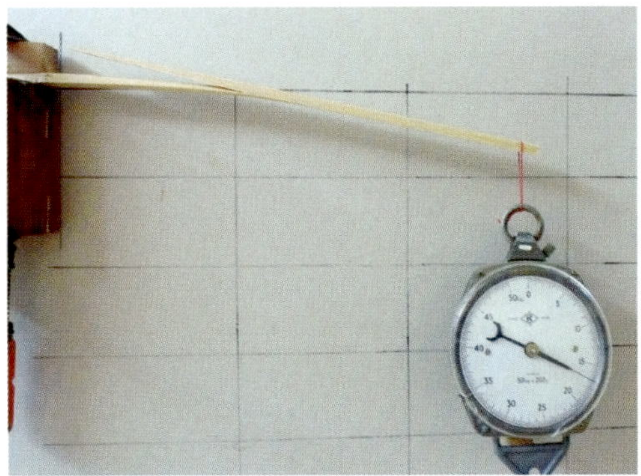

Biegebelastung bis zum Bruch

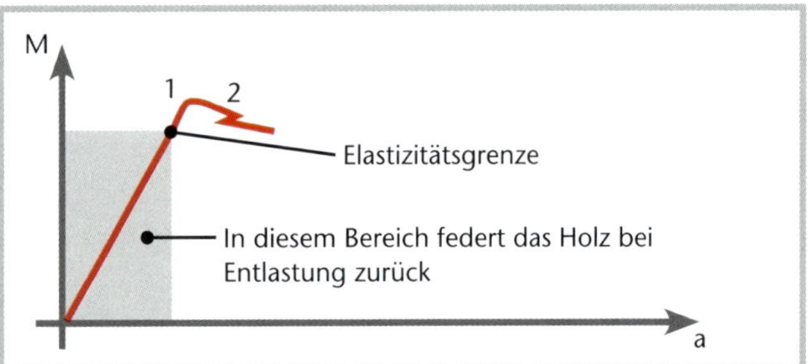

Biegen bis zum Bruch: Es entstehen Risse an der Oberfläche (1). Die Biegefestigkeit ist überschritten und der Bruch setzt ein (2).

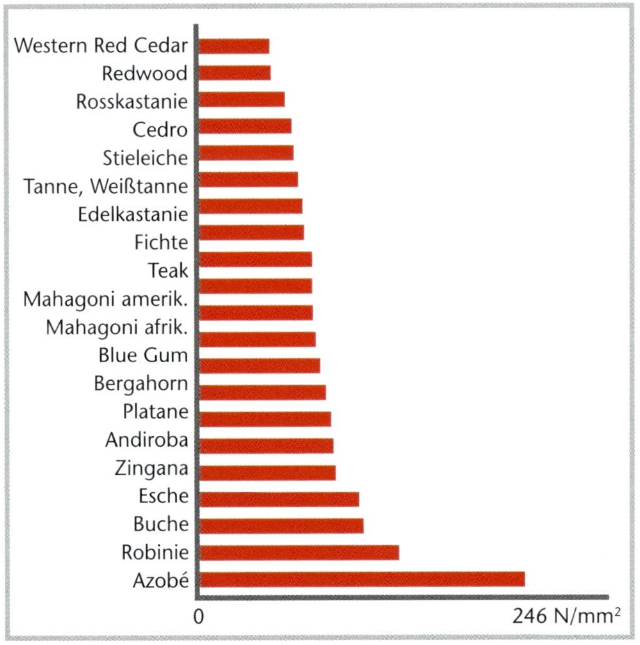

Biegefestigkeit verschiedener Holzarten

Die Biegefestigkeit von Holz

Um den Begriff der Biegefestigkeit zu verstehen, wird ein weiterer Versuch durchgeführt.

5. Versuch

Wie im ersten Versuch wirkt auf eine eingespannte Leiste wieder ein Biegemoment, das jedoch kontinuierlich gesteigert wird.

Beobachtung: Die Leiste biegt sich, wie bekannt, umso stärker, je höher das Biegemoment ist. Übersteigt das Biegemoment einen bestimmten Wert, so entstehen Risse an der Oberfläche der Leiste und bei weiterer Steigerung der Kraft kommt es zum Bruch.

Die Gesetzmäßigkeit der elastischen Biegung gilt nur für einen bestimmten Biegebereich und endet an der sogenannten Elastizitätsgrenze. Wird das Moment über diesen Punkt hinaus erhöht, gelten andere Gesetze. Nur bei Biegemomenten unterhalb der Elastizitätsgrenze federt das Material nach Entlastung zurück. Bei Biegemomenten oberhalb der Elastizitätsgrenze beginnt eine Materialzerstörung. Zuerst entstehen Risse an der Holzoberfläche, und bei weiterer Steigerung der Kraft kommt es zum Bruch. Die Biegefestigkeit des Holzes wurde überschritten.

Der Biegevorgang bis zum Bruch kann im bekannten Koordinatensystem graphisch dargestellt werden.

Die Biegefestigkeit ist eine spezifische Kenngröße für Materialien. Ihr Wert wird durch genormte Biegeversuche ermittelt. Im Bild links ist die Biegefestigkeit einiger Holzarten dargestellt. Sie gilt für fehlerfreies Holz, das in Faserrichtung belastet wird. Bei Belastung quer zur Faser liegt die Biegefestigkeit deutlich niedriger (siehe Kapitel: Mechanische Eigenschaften von Holz). Fehler im Holz, wie z. B. Äste, reduzieren ebenfalls die Festigkeit.

Der 5. Versuch wirft die Frage auf: Warum kann Holz beim Biegen brechen und welcher Gesetzmäßigkeit folgt der Bruch?

Beim Biegen entstehen Spannungen im Material. Unter Spannungen versteht man Kräfte, die auf einzelne Flächenelemente des Holzquerschnittes wirken. Sie treten als Zug- und Druckspannungen auf und sind, über den Querschnitt betrachtet, nicht konstant. Die Spannungen wachsen von der Werkstückmitte nach außen kontinuierlich an. Die größten Spannungen wirken beim Biegen an der Werkstückoberfläche. Das Bild oben rechts zeigt die Spannungsverteilung in einem gebogenen Holz.

- In der oberen konvexen Hälfte des Werkstückes wirken Zugspannungen.
- In der unteren konkaven Hälfte wirken Druckspannungen.
- Nur die Mitte ist spannungsfrei. Diese Zone wird als neutrale Faser bezeichnet.

Die Spannungen im Holz sind die Folge von Längenänderungen, die das Werkstück beim Biegen erfährt:

- In der oberen Hälfte wird das Holz gedehnt.
- In der unteren Hälfte wird es gestaucht.
- Nur in der Mitte, der neutralen Faser, behält das Holz seine ursprüngliche Länge.

Am Trinkhalmmodell wird die Längenänderung gut sichtbar.

Die Spannungen wirken wie eine Feder, solange das aufgebrachte Biegemoment unterhalb der Elastizitätsgrenze liegt. Sie sorgen dafür, dass die Verformung bei Entlastung wieder zurückgeht.

Wird Holz über die Elastizitätsgrenze hinaus gebogen, entstehen Zugspannungen an der Oberfläche, die die spezifische Festigkeit der Holzfasern übersteigen. Es entstehen Risse an der Werkstückoberfläche.

Wird noch weiter gebogen, wachsen die Spannungen im Holz. Auch die unter der Oberfläche liegenden

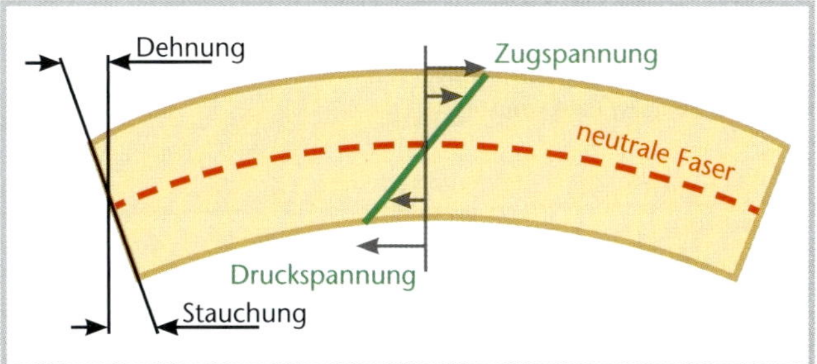

Spannungen in einem gebogenen Holz: Auf der konvexen Seite wird das Holz gedehnt, es entstehen Zugspannungen. Die konkave Seite wird gestaucht, und es bauen sich Druckspannungen auf. Nur die neutrale Faser behält die ursprüngliche Länge und ist spannungsfrei.

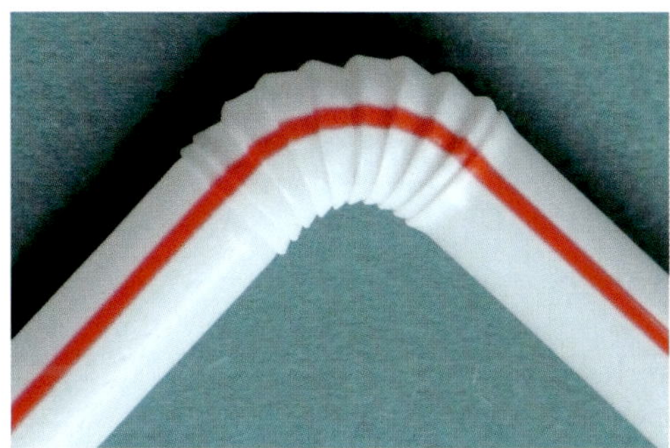

Das Trinkhalmmodell zeigt die Dehnung und Stauchung des Holzes.

Wird die Festigkeit der Holzfasern überschritten, entstehen Risse an der Oberfläche.

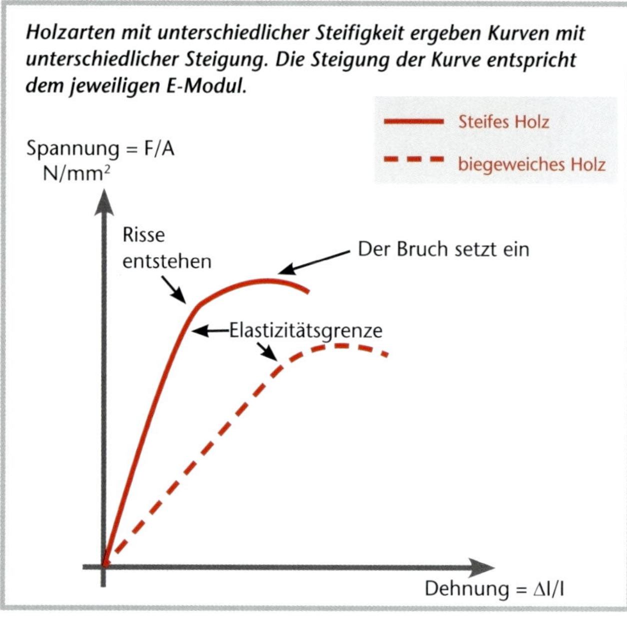

Zusammenhang zwischen Dehnung und entstehender Spannung ist für zwei verschieden steife Hölzer im Spannungs-Dehnungsdiagramm dargestellt.

Eine elastisch gebogene Leiste bleibt über einen längeren Zeitraum eingespannt ○

Die Leiste hat sich dauerhaft verformt.

Holzfasern werden zerstört. Damit setzt der Bruch ein. Die Biegefestigkeit des Materials ist überschritten.

Der Biegevorgang bis zum Bruch ist in der folgenden Grafik für zwei verschieden steife Hölzer dargestellt. In dem Spannungs-Dehnungsdiagramm wird der Zusammenhang zwischen Dehnung des Holzes und der wirkenden Zugspannung aufgezeigt. Der lineare Teil der Kurve beschreibt die elastische Biegung. Das Abknicken der Kurve weist darauf hin, dass die Festigkeit der Holzfasern überschritten wurde.

Die Steigung der Kurve bis zur Elastizitätsgrenze entspricht dem E-Modul der jeweiligen Holzart. Je steiler die Kurve ist, desto steifer ist das Holz und umgekehrt.

Die plastische Verformung von Holz

In weiteren Versuchen wird die plastische Verformung des Holzes untersucht.

6. Versuch

Eine im elastischen Bereich gebogene Leiste bleibt über mehrere Stunden eingespannt.

Beobachtung: Nach Entlastung federt die Leiste nicht in ihre ursprüngliche, gerade Lage zurück. Es bleibt eine dauerhafte Verformung bestehen.

Wie ist dieser Effekt zu erklären? Beim Biegen haben sich Zug- und Druckspannungen im Holz aufgebaut. Wie bereits beschrieben, werden die Zugspannungen von den Cellulosefasern und die Druckspannungen vom Lignin aufgenommen. Lignin, das zusammen mit Pektin und Hemicellulosen, die einzelnen Zellen zusammenklebt, ist eine komplexe hochpolymere Verbindung mit thermoplastischen Eigenschaften. Werden die Polymere über längere Zeit auf Druck beansprucht, geben sie nach und beginnen zu fließen. Die länglichen Zellen des Holzes verschieben sich gegeneinander, und das Holz erfährt eine plastische Verformung, die dauerhaft ist. Bei Entlastung federt nur ein Teil der Biegung zurück, und die plastische Verformung bleibt bestehen. Die obere Graphik auf der gegenüberliegenden Seite zeigt schematisch diesen Vorgang.

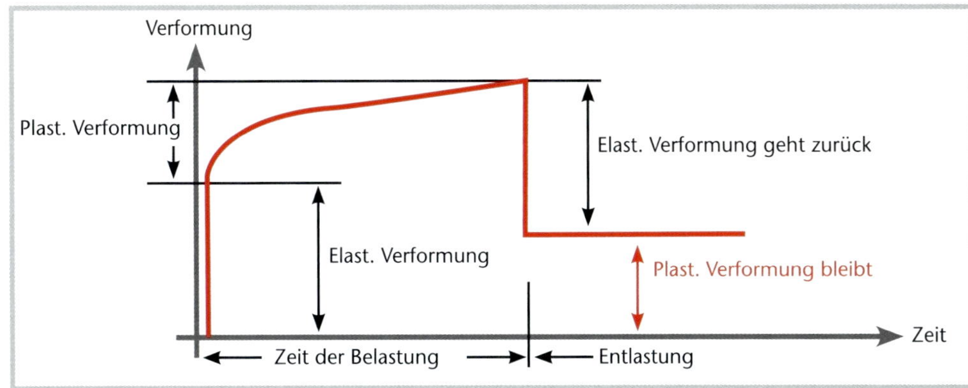

Wird Holz über einen längeren Zeitraum auf Biegung beansprucht, setzt eine plastische Verformung ein.

Das Fließverhalten von Lignin und der anderen Polymere kann thermisch beeinflusst werden. Dies soll ein weiterer Versuch zeigen.

7. Versuch

Eine Buchenholzleiste wird für einige Zeit in kochendes Wasser gelegt. Danach wird sie gebogen und im gebogenen Zustand fixiert, bis das Holz wieder abgekühlt ist.

Beobachtung: Die Leiste lässt sich mit geringem Kraftaufwand leicht biegen. Außerdem hat die Leiste eine plastische Verformung erfahren und federt nach dem Erkalten nur gering zurück.

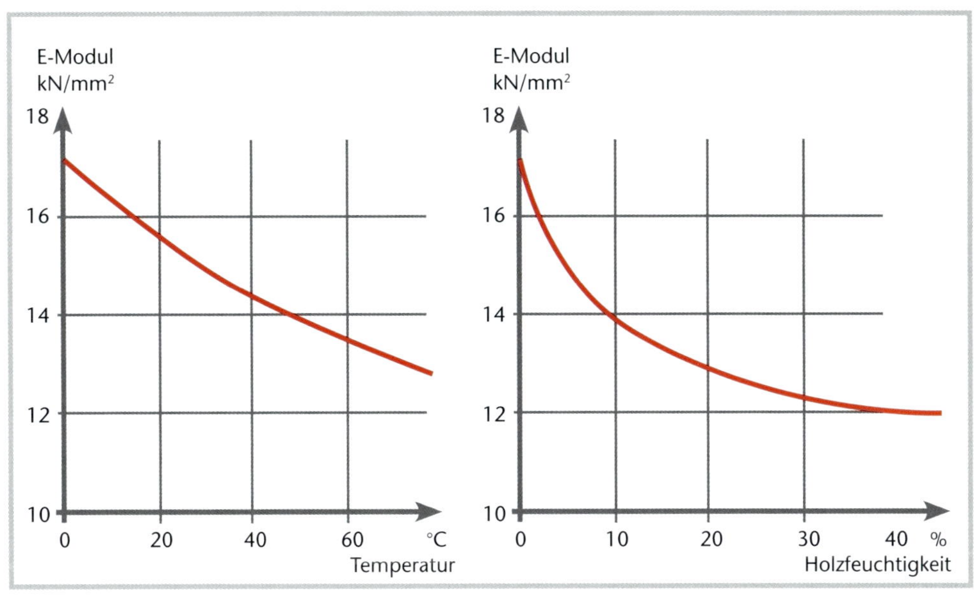

Durch die Einwirkung von Temperatur und Feuchtigkeit sinkt der E-Modul.

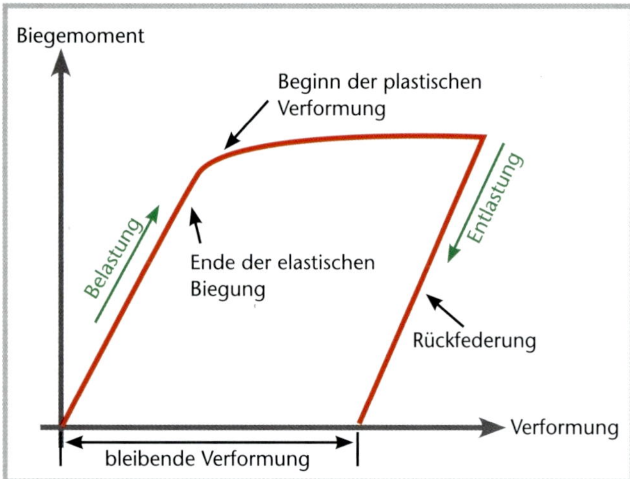

Vorgang der plastischen Verformung: Die erweichten Polymere lassen sich mit geringem Biegemoment dauerhaft verformen.

Aus den Beobachtungen des siebten Versuches ergeben sich zwei Fragen:

- Warum lässt sich die Leiste nach der Behandlung mit heißem Wasser leicht biegen? Die Antwort lautet: In der Zellstruktur kommt es, durch das Einwirken von Temperatur und Feuchtigkeit, zu einer Lockerung der Bindung zwischen den einzelnen Zellen. Sie können sich gegeneinander verschieben. Dadurch wird der Widerstand gegen Verbiegung geringer, der E-Modul sinkt.
  Dieser Effekt ist für das Holzbiegen von großer Bedeutung, erleichtert es doch das Biegen.
- Warum wurde die Leiste plastisch verformt?
  Die Verformung erklärt sich aus der Eigenschaft des Lignins und der übrigen Polymere, die in den Mikrofibrillen und in der Mittellamelle eingelagert sind. Die Polymere verhalten sich wie ein thermoplastischer Kunststoff. Bei Erwärmung werden sie weich und können mit relativ geringem Kraftaufwand verformt werden. Fixiert man die Biegung, bis die Polymere erkaltet sind, bleibt die Verformung weitestgehend bestehen. Nur ein kleiner elastischer Anteil der Biegung federt zurück.

Wie im Kapitel „Holz, der formbare Werkstoff" beschrieben, sind, bis auf wenige Ausnahmen, nur Laubhölzer dauerhaft formbar.

8. Versuch

Eine im heißen Wasser erwärmte Laubholzleiste wird mit einem Metallband so eingespannt, dass keine Dehnung möglich ist. Leiste und Metallband werden gemeinsam um eine Form gebogen.

Beobachtung: Das Holz lässt sich ohne zu brechen leicht mit einem kleinen Radius biegen.

Das Biegeergebnis basiert auf zwei unterschiedlichen Einflüssen:

- dem bereits beschriebenen Einfluss von Temperatur und Feuchtigkeit, der den E-Modul absenkt,
- der Wirkung des Biegebandes.

Im heißen Wasser erweichtes Holz lässt sich problemlos mit einem Biegeband formen.

Wie bereits erklärt, wird beim Biegen die konvexe Seite des Werkstückes gedehnt. Dadurch entstehen Zugspannungen. Überschreiten sie die Festigkeitsgrenze der Holzfasern, kommt es an der Oberfläche zu Rissen und der Bruch setzt ein. Wird das Werkstück aber wie in diesem Versuch mit einem Stahlband so eingespannt,

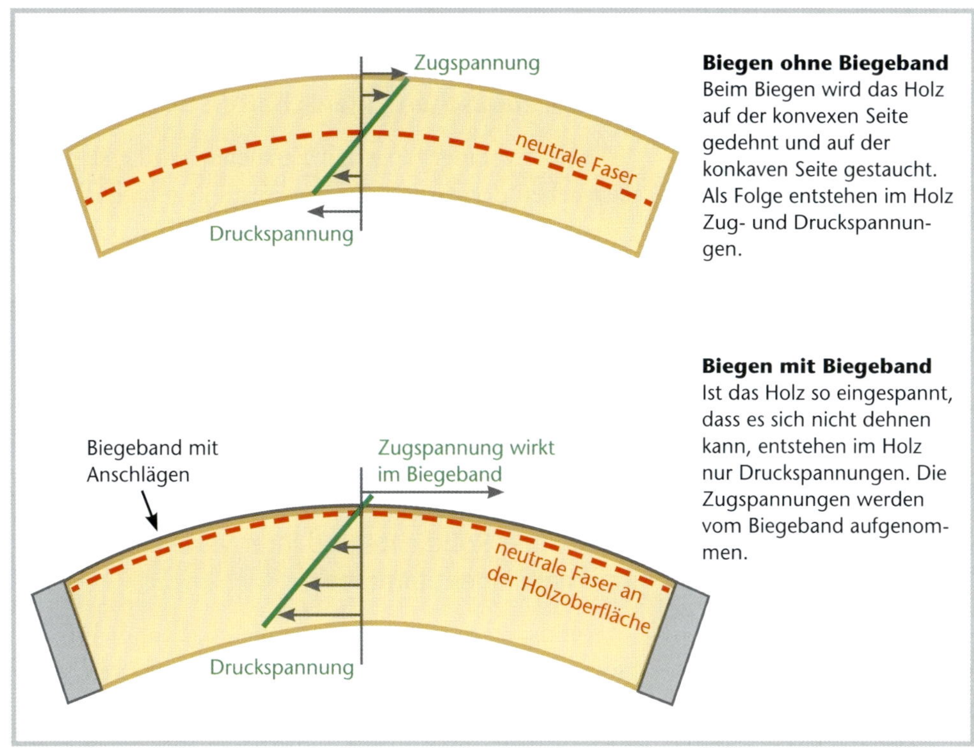

Einfluss des Biegebandes. Die Zugspannungen werden in das Biegeband verlagert, im Holz wirken nur Druckspannungen.

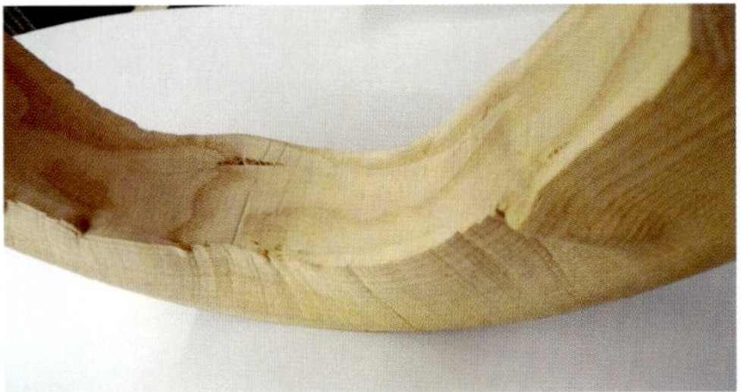

Bei extremer Biegung entstehen Verwerfungen an der druckbelasteten Seite.

dass sich das Holz nicht längen kann, kann es sich zwangsweise beim Biegen auch nicht dehnen. Im Holz entstehen keine Zugspannungen, es wird nur gestaucht. Die beim Biegen immer entstehenden Zugspannungen werden in das Stahlband verlagert und von diesem aufgenommen.

Da der E-Modul von Stahl den ca. 20-fachen Wert von Holz hat, ist das Biegeband relativ steif und dehnt sich beim Biegen praktisch nicht. Durch die Verlagerung der Zugspannung in den Stahl verschiebt sich die neutrale Faser im Werkstück. Im Idealfall liegt sie an der Werkstückoberfläche. Im Holz bauen sich somit nur Druckspannungen auf.

Durch das heiße Wasser wurde das Holz erwärmt und die holzeigene Kittsubstanz ist plastisch. So können die Druckspannungen durch Verformung der Zellwände abgebaut werden. Das Holz wird gestaucht.

Das Stauchen ist ein komplexer Vorgang, bei dem zusätzliche Querkräfte im Holz entstehen. Diese können bei starker Biegung zu Verwerfungen an der konkaven Werkstückseite führen.

Die mechanischen Eigenschaften des Holzes

Aus den vorangegangenen Versuchen wird ersichtlich, dass neben der Zug- und Druckfestigkeit auch die Biegefestigkeit und der E-Modul für das Holzformen von Bedeutung sind. Diese Eigenschaften sind jedoch keine konstanten Größen, sondern abhängig von Faktoren wie Rohdichte, Holzfeuchtigkeit und Temperatur sowie von der Wirkrichtung der Biegekraft.

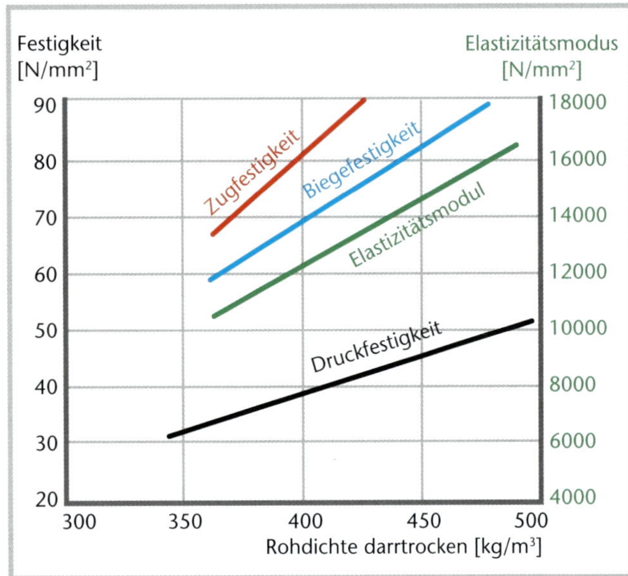

Abhängigkeit der Festigkeit und des E-Moduls von der Rohdichte

Einfluss der Rohdichte und ihrer Verteilung innerhalb eines Stammes

Grundsätzlich gilt: Mit zunehmender Rohdichte verbessern sich die mechanischen Eigenschaften einer Holzart. Je höher die Rohdichte ist, desto größer ist die Zug-, Druck- und Biegefestigkeit. Gleiches gilt auch für den E-Modul.

Verschiedene Wachstumsbedingungen, wie z. B. Klima und Nährstoffangebot, führen bei gleicher Baumart zu unterschiedlichen Rohdichten und damit zu unterschiedlichen Festigkeiten. Am Beispiel von Fichtenholz soll der Einfluss der Rohdichte auf die Festigkeit aufgezeigt werden.

Generell geben Rohdichtewerte den durchschnittlichen Dichtewert in einem Stamm an. Innerhalb eines Stammes ist die Dichte jedoch nicht konstant. Wie bereits beschrieben, ist die Zellwand des Frühholzes dünnwandiger als die des Spätholzes. Daraus resultiert eine deutlich geringere Rohdichte und damit auch eine geringere Festigkeit des Frühholzes gegenüber dem Spätholz.

Besonders ausgeprägt ist der Rohdichteunterschied bei Nadelhölzern. Das Bild rechts oben zeigt das am Beispiel von Fichtenholz. Seine Rohdichte und damit seine Festigkeit ändern sich zwischen Früh- und Spätholz im Verhältnis von ca. 1:3.

Der Wechsel von Früh- auf Spätholz erfolgt bei Nadelhölzern nahezu übergangslos. Bedingt dadurch kommt es an der Übergangsstelle zu einem Festigkeitssprung.

Wird Nadelholz stark auf Biegung beansprucht, knicken die dünnen Zellwände des Frühholzes ein, und die Holzstruktur bricht auf ganzer Breite zusammen (siehe Bild im Kapitel 5 „Holz, der formbare Werkstoff"). Bei Laubhölzern ist die Verteilung der großlumigen, dünnwandigen Zellen eine andere als bei Nadelhölzern. Der Wechsel vom Früh- auf Spätholz erfolgt sacht. Ringporige Hölzer weisen eine allmähliche geringe Festigkeitsänderung innerhalb eines Jahresringes auf. Bei zerstreuporigen Hölzern besteht kaum ein Festigkeitsunterschied innerhalb eines Jahresringes.

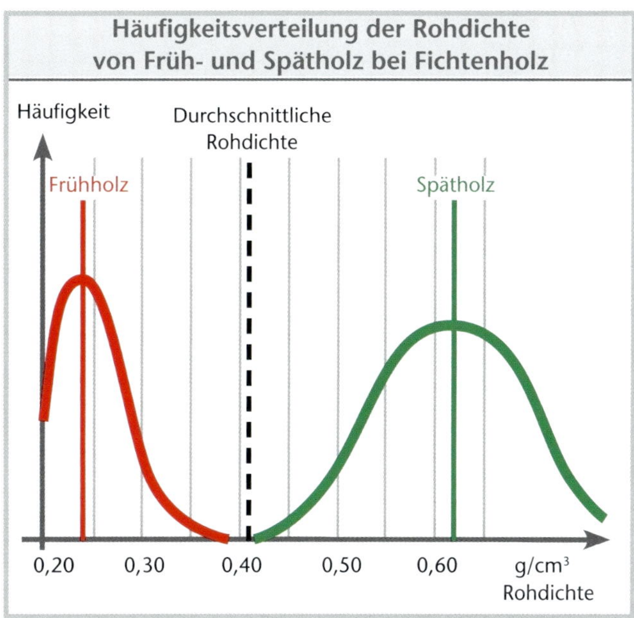

Rohdichteunterschied zwischen Früh- und Spätholz

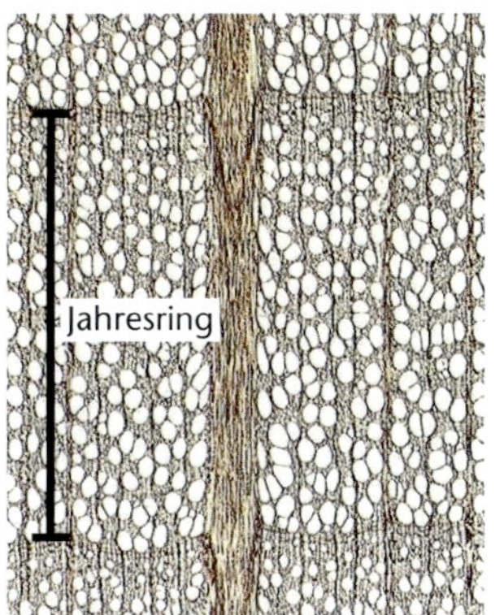

Die Struktur von zerstreuporigem Holz zeigt kaum einen Unterschied zwischen Früh- und Spätholz.

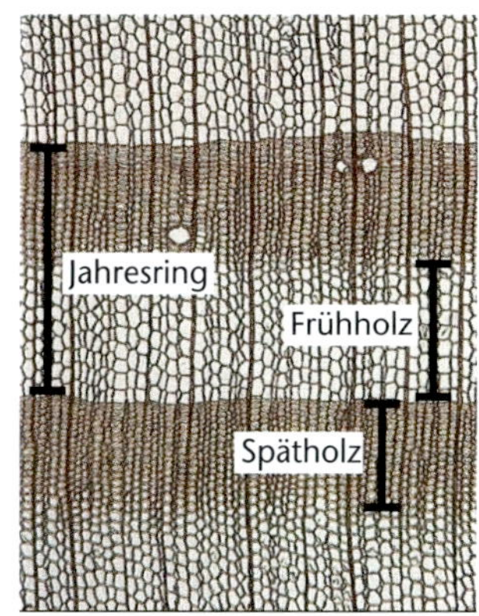

Übergang von Früh- und Spätholz erfolgt bei Nadelholz sprungartig.

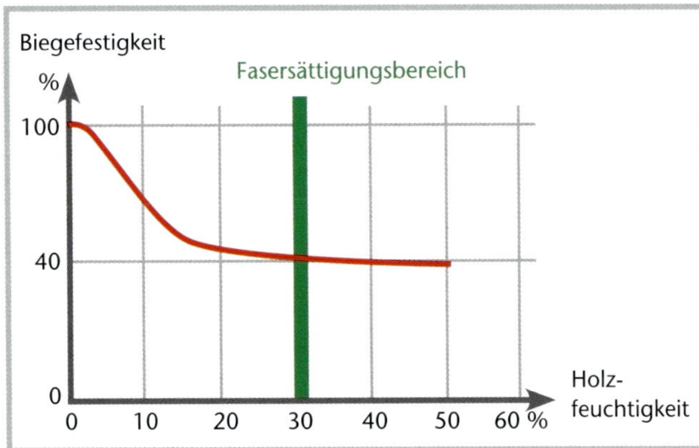

Abhängigkeit der Biegefestigkeit von der Holzfeuchtigkeit

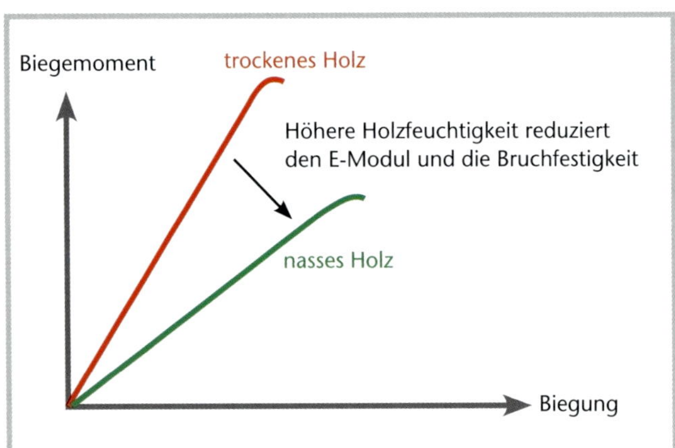

Biegeverhalten von nassen und trockenen Hölzern

Einfluss der Holzfeuchtigkeit

Beim lebenden Baum befindet sich frei tropfbares Wasser in den Zellhohlräumen, in den Zellwänden ist es gebunden. Im Frühholz lagert ungefähr die doppelte Wassermenge wie im Spätholz. Wird ein Baum gefällt, trocknet das Holz. Zuerst entweicht das freie Wasser aus den Zellhohlräumen, bis der sogenannte Fasersättigungsbereich erreicht ist. Danach ist Wasser nur noch in den Zellwänden gebunden. Wird Holz weiter getrocknet, reduziert sich der Wassergehalt in den Zellwänden. Durch den Wasserverlust verändern sich die Cellulose-Polymerverbindungen und somit die mechanischen Eigenschaften des Holzes. Sein E-Modul steigt an, und es erhöhen sich die Festigkeitswerte, so z. B. die Biegefestigkeit.

Erst unterhalb der Fasersättigung schrumpfen die Zellen in nennenswertem Maße und das Holz schwindet.

Wird trockenes Holz gewässert, läuft der Vorgang umgekehrt ab. Bei der Zuführung von Feuchtigkeit quellen die Holzzellen, und die Eigenschaften der Zellbausteine ändern sich wieder. Dadurch verringern sich E-Modul und Festigkeitswerte.

Dieser umkehrbare Prozess ist bedeutsam für das Holzbiegen.

Ein Wässern über die Fasersättigung hinaus verändert die mechanischen Eigenschaften des Holzes nicht weiter. Wohl aber werden dabei Inhaltsstoffe ausgewaschen. In vielen Fällen kommt es zu einer farblichen Veränderung des Holzes. Daher sollte man Holz nicht über die Fasersättigung hinaus wässern.

Einfluss der Faserrichtung

Die Richtung einer Kraft, bezogen auf den Faserverlauf, hat Einfluss auf die Holzfestigkeit. Sie ist strukturbedingt am größten, wenn eine Kraft in Faserrichtung wirkt. Bei Abweichungen von der Faserrichtung geht die Festigkeit deutlich zurück. Wird beispielsweise eine Zugkraft unter einem Winkel von mehr als 45° zur Faser aufgebracht, reduziert sich die Zugfestigkeit auf 10 %. Daher sollte Holz möglichst nur in Faserrichtung belastet werden.

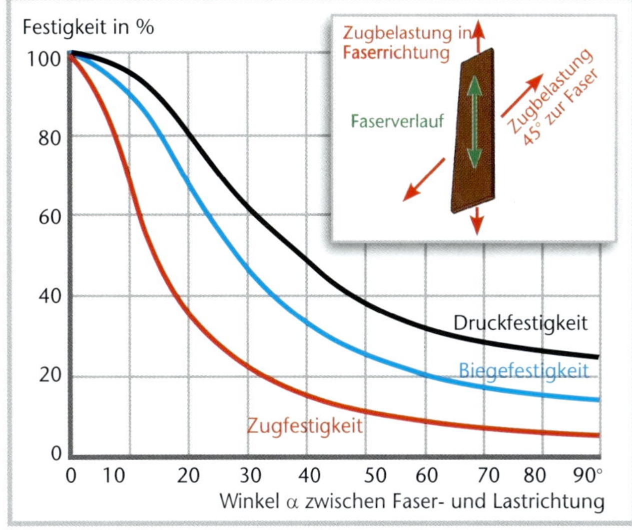

Abhängigkeit der Holzfestigkeit vom Winkel zwischen Faser- und Lastrichtung

Einfluss der Jahresringe auf das Biegeverhalten

Der Einfluss, den die Lage der Jahresringe auf das Biegen hat, wird im Bild rechts unten dargestellt.

In dem Beispiel wird ein Kantholz auf Biegung, über den elastischen Bereich hinaus, belastet.

Das Diagramm zeigt, dass die Richtung der Jahresringe im Bereich der elastischen Biegung kaum einen Einfluss hat. Erst bei Belastungen oberhalb der Elastizitätsgrenze zeigen sich Unterschiede.

Für die Praxis ist die Lage der Jahresringe in der Regel ohne große Bedeutung. Man kann Holz in den meisten Fällen problemlos mit radial als auch tangential verlaufenden Jahresringen biegen.

Nur bei besonders schwierigen Biegeaufgaben, z. B. sehr kleinen Radien, und insbesondere bei der Verwendung von ringporigen Hölzern empfiehlt es sich, die Orientierung der Jahresringe zu beachten. Man erhält bessere Ergebnisse, wenn die Jahresringe annähernd parallel zur Biegeform verlaufen.

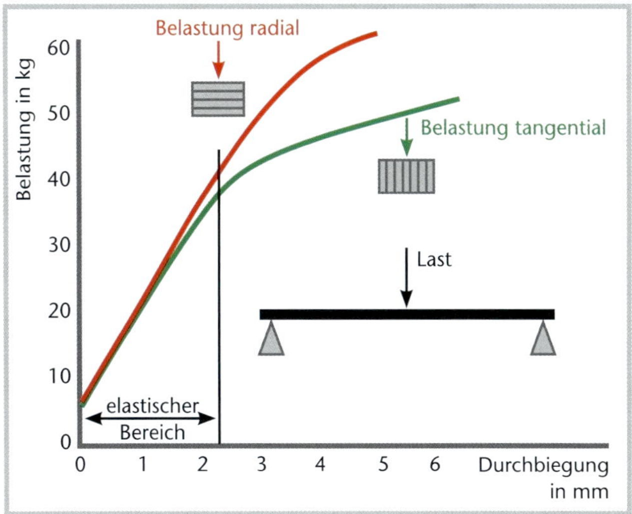

Einfluss der Lage der Jahresringe auf die Biegung

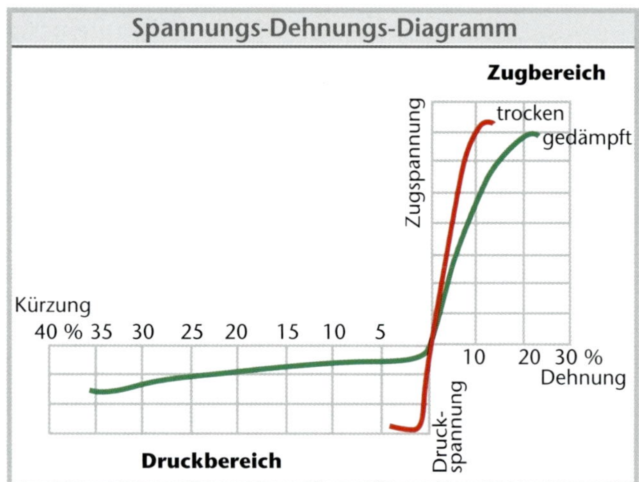

Vergleich der mechanischen Eigenschaften von trockenem und gedämpftem Buchenholz

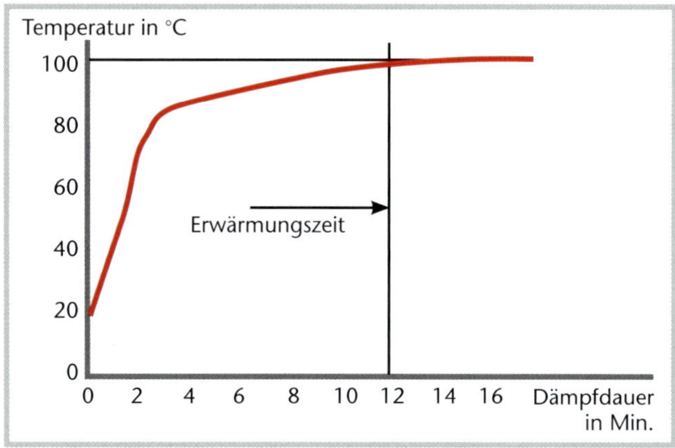

Erwärmungskurve einer 20-mm-Holzleiste

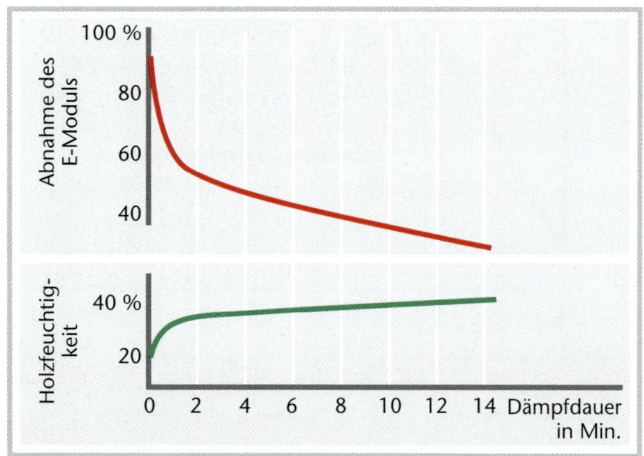

Änderung des E-Moduls und der Holzfeuchtigkeit beim Dämpfen

Einfluss der Temperatur

Wie bereits ausgeführt, hat Temperatur einen großen Einfluss auf die mechanischen Eigenschaften des Holzes. Speziell in Kombination mit der Holzfeuchtigkeit führt eine Temperaturerhöhung zu einer Lockerung des Faserverbundes und zu einer plastischen Verformbarkeit des Verbundpolymers. Diesen Effekt nutzt man insbesondere beim Biegen mit Dampf.

Die Änderung der Eigenschaft von Buchenholz ist im Bild links oben dargestellt. Das Spannungs-Dehnungsdiagramm vergleicht unbehandeltes, trockenes Holz mit gedämpftem Holz. Durch Dampf ist die Holzfeuchtigkeit von ca. 17 auf 33 % angestiegen. Sie liegt im Bereich der Fasersättigung.

Aus dem Diagramm wird ersichtlich:

- Die beim Biegen entstehenden Dehnungen rufen beim gedämpften Holz niedrigere Zugspannungen hervor als beim trockenen Holz. Der E-Modul des gedämpften Holzes ist abgesenkt (die Kurve hat eine geringere Steigung).
- Bei gedämpftem Holz führt die Verformung der Zellwände zu deutlich höheren Stauchungen.

Beim Dämpfen laufen Erwärmung und Feuchtigkeitsaufnahme im Holz zeitgleich ab.

Die Erwärmungskurve einer 20 mm dicken Leiste zeigt das mittlere Bild.

Während des Dämpfens wurde die Temperatur in der Mitte der Leiste gemessen und aufgezeichnet. Nach ca. 12 Minuten ist das Holz gleichmäßig erwärmt und die holzeigenen Kittsubstanzen sind erweicht. Die Fasersättigung ist erreicht, der E-Modul ist auf ca. 50 % reduziert.

Frühestens zu diesem Zeitpunkt kann mit dem Biegen begonnen werden.

Alan Holtham

Holz trocknen und lagern

Eigenes Nutzholz richtig vorbereiten und schützen

Was ist beim Einsägen des Stammes zu beachten, welche Möglichkeiten gibt es, dies selbst zu machen, und wie bringt man die Maserung zur Geltung? Welche Schädlinge bedrohen das Holz bei der Lagerung, und wie kann man das Material gegen sie schützen? Wie trocknet man Holz und welche Gefahren sollte man beachten? Antworten auf all diese Frage erhalten Sie in diesem Buch.

192 Seiten, 21 x 27,5 cm, 441 farbige Fotos und Zeichnungen, gebunden

Best.-Nr. 9011
ISBN 978-3-86630-954-8

Simon Easton

Pyrografie

Techniken und Projekte für die moderne Brandmalerei

Pyrografie bedeutet Muster, Texte oder gegenständliche Abbildungen mit Hilfe heißer Metallspitzen auf Holz „zu malen". Dieses Buch erklärt die Grundprinzipien und zeigt die Basistechniken anhand kleiner Projekte. In ausführlichen Kapiteln widmet sich der Autor dann dekorativen Mustern, Texturen und Verzierungen mit dem Brennstift sowie verschiedenen Spezialtechniken. Erfahrung oder künstlerische Fertigkeiten sind nicht nötig – jeder kann mit ein wenig Übung wunderbare Ergebnisse erzielen!

192 Seiten, 21 x 27,5 cm, zahlreiche farbige Abbildungen, gebunden

Best.-Nr. 9170
ISBN 978-3-86630-990-6

Wolfgang Fiwek

Furniere & Intarsien

Holzoberflächen effektvoll gestalten und veredeln

Furniere bieten die Möglichkeit, preiswertes Holz mit einer ästhetisch hochwertigen und einzigartigen Oberfläche zu versehen. Mit Hilfe von Intarsien kann der Holzwerker aus unterschiedlichen Furnierstücken Muster oder Bilder in eine Holzoberfläche einarbeiten. Dieses Buch zeigt Ihnen, wie es geht – in Theorie und Praxis. Eine faszinierende Reise durch ein weitgehend unbekanntes Kunsthandwerk.

240 Seiten, 21 x 27,5 cm, 630 farbige Fotos und Zeichnungen, gebunden

Best.-Nr. 9158
ISBN 978-3-86630-956-2

Wolfgang Fiwek

Geigenbau

Eine Anleitung zum Selbstbau von Violine und Viola

Autor Wolfgang Fiwek schaut dem Geigenbau-Autodidakten Klaus Adrees über die Schulter und zeigt dem Leser dessen Methode im Detail. Mit Grundkenntnissen und einer normalen Werkstattausstattung kann jeder eine Violine oder Viola von guter Qualität bauen. Einige kurze Kapitel u.a. zur Geschichte des Geigenbaus, den Besonderheiten von Tonholz und der Notwendigkeit des Einspielens runden das Buch ab.

146 Seiten, 21 x 27,5 cm, zahlreiche farbige Fotos und Zeichnungen, gebunden

Best.-Nr. 9165
ISBN 978-3-86630-968-5

HolzWerken
www.holzwerken.net

Vincentz Network GmbH & Co. KG
HolzWerken
Plathnerstr. 4c
30175 Hannover

T +49 (0)511 9910-033
F +49 (0)511 9910-029
buecher@vincentz.net
www.holzwerken.net

Weitere Titel finden Sie im Online-Shop: www.holzwerken.net/shop

Lust auf mehr?

HolzWerken

Wissen. Planen. Machen.

7 Ausgaben im Jahr – auch als Kombi-Abo Print + Digital!

Mit diesen Themen:

- ✔ Anleitungen und Pläne zum Bau von Möbeln und Vorrichtungen
- ✔ Werkzeug-, Maschinen- und Materialkunde
- ✔ Tipps & Tricks von erfahrenen Praktikern
- ✔ Tischlern, Drechseln, Schnitzen
- ✔ Reportagen aus den Werkstätten kreativer Holzwerker
- ✔ Veranstaltungstermine und Produktneuheiten

Jetzt bestellen!
Tel. +49 (0) 511 9910-025
www.holzwerken.net

HolzWerken –
gehört in jede Werkstatt!

Vincentz Network GmbH & Co. KG
HolzWerken
Plathnerstr. 4c
30175 Hannover

Tel. +49 (0)511 9910-025
Fax +49 (0)511 9910-029
zeitschriften@vincentz.net
www.holzwerken.net